Anlagentechnik
für elektrische Verteilungsnetze

Medien und Kongresse

VDE VERLAG

D Dipl.-Ing. Dipl.-Wirtsch.-Ing. MBA Rolf Rüdiger Cichowski ist als Autor tätig. Die ersten Jahre seiner beruflichen Laufbahn war er bei den Vereinigten Elektrizitätswerken AG, VEW in Dortmund (fusioniert seit 2000 mit RWE AG) in verschiedensten Funktionen im Bereich Elektrische Verteilungsnetze aktiv. Nach der politischen Wende in Deutschland unterstützte er für einen Zeitraum von fünf Jahren die Entwicklungsprozesse ostdeutscher Unternehmen und zwar als Leiter der Elektrischen Verteilungsnetze bei der Mitteldeutschen Energieversorgung AG, MEAG in Halle/Saale und als Geschäftsführer der damals neu gegründeten Energieversorgung Industriepark Bitterfeld/Wolfen GmbH, ein Unternehmen, das den Industriestandort mit Strom, Gas, Wasser und Fernwärme versorgte.

Mitte der 90er Jahre stiegen die Energieversorgungsunternehmen in das Geschäftsfeld Telekommunikation ein und Rolf Rüdiger Cichowski gründete und leitete als Geschäftsführer für VEW das Tochterunternehmen VEW TELNET, einen Regional-Carrier in Dortmund. Nachdem VEW dieses Tochterunternehmen 1999 an die jetzige versatel verkaufte, schied er nach 30 Jahren aus dem Konzern aus und war danach ein Jahr als Leitender Consultant bei der Detecon in Bonn, einem Tochterunternehmen der Deutschen Telekom tätig. Von 2001 bis zum Frühjahr 2011 war er Geschäftsführer der SSS Starkstrom- und Signal-Baugesellschaft mbH in Essen, einem mittelständischen Dienstleistungsunternehmen für Strom, Daten, Gas und Wasser mit 30 Standorten und etwa 600 Mitarbeitern.

Im Rahmen des BDEW Bundesverband der Energie- und Wasserwirtschaft e.V. und der Deutschen Elektrotechnischen Kommission im DIN und VDE (DKE) arbeitete er in Ausschüssen und Komitees mit. Rolf Rüdiger Cichowski hat in den letzten Jahrzehnten als Autor und Herausgeber zahlreiche Fachbücher veröffentlicht und sich als Referent in Seminaren und Kongressen betätigt. Darüber hinaus war er über mehrere Jahre Lehrbeauftragter an den Fachhochschulen Dortmund und Berlin. Rolf Rüdiger Cichowski ist Initiator und Herausgeber der Buchreihe Anlagentechnik für elektrische Verteilungsnetze, die bei dem Verlag EW Medien und Kongresse und dem VDE Verlag seit 27 Jahren erscheint.

homepage: www.cichowski.de
Kontakt: rolf@cichowski.de

Christian Dresel / Martin Große-Gehling
Jürgen Reese / Jürgen Schlabbach

Blindleistungskompensation und Energieversorgungsqualität

3. Auflage

Herausgegeben von
Rolf Rüdiger Cichowski

Anlagentechnik für
elektrische Verteilungsnetze

VDE VERLAG GMBH
Berlin | Offenbach

EW Medien und Kongresse GmbH
Frankfurt am Main | Berlin | Essen

Verlag
EW Medien und Kongresse GmbH, Kleyerstraße 88, 60326 Frankfurt am Main

So erreichen Sie das Buch-Team von EW Medien und Kongresse
EW Medien und Kongresse GmbH, Montebruchstraße 20, 45219 Essen
Telefon 0 20 54.924-123
Telefax 0 20 54.924-139
E-Mail vertrieb@ew-online.de
Internet www.ew-online.de
ISBN 978-3-8022-1156-0 (Print)
ISBN 978-3-8022-1267-3 (eDok-PDF)

VDE VERLAG GMBH, Bismarckstraße 33, 10625 Berlin
ISBN 978-3-8007-4365-0 (Print)
ISBN 978-3-8007-4366-7 (eDok-PDF)

Geleitwort zur Buchreihe

Die elektrischen Verteilungsnetze befinden sich aktuell in einem rasanten Umbauprozess. Ausgelöst von dezentralen Energieerzeugungsanlagen, die in großen Stückzahlen in den Nieder- und Mittelspannungsnetzen eingebunden werden, kommt es sowohl in der klassischen Anlagentechnik als auch im Betrieb und in der Netzführung zu neuen Herausforderungen. In den technischen Verbänden, den Fachgremien, an Hochschulen und in der Normung wurden zahlreiche Aktivitäten gestartet, um Lösungen zu entwickeln, mit denen unter wirtschaftlich vertretbaren Bedingungen auch in Zukunft ein sicherer Netzbetrieb möglich ist. Verhalten im Fehlerfall, Inselnetzerkennung, Spannungshaltung sind nur einige Schlagworte, die bei der Überarbeitung der Technischen Anschlussregeln in allen Spannungsebenen von aktueller Bedeutung sind. Der Einzug von Batteriespeichern in die Verteilungsnetze hat gerade erst begonnen und dürfte sich in naher Zukunft sowohl als stationäre Komponente wie auch in mobiler Ausführung (z.B. bei Elektrofahrzeugen) enorm ausweiten. Unter dem Stichwort Digitalisierung werden die schnell fortschreitende Automatisierung und der Einbau technischer Komponenten der Informations- und Kommunikationstechnik (IKT) die Verteilnetze auf ihrem Weg zum Smart Grid deutlich verändern.

Und bei all diesen Neuerungen muss das Personal des Netzbetriebs auch mit den historisch gewachsenen Kabel-, Freileitungs- und Beleuchtungsnetzen, mit primär- und sekundärtechnischen Komponenten unterschiedlichster Bauweisen zurechtkommen. Diese bedürfen der sachgerechten wirtschaftlichen Erneuerung und Instandhaltung. Verfahren einer systematischen Zustandsbewertung und Dokumentation, eines optimierten Netzbetriebs und einer effizienten Instandhaltung bestimmen die Strategie vieler Netzbetreiber. Fundierte Kenntnisse der einzelnen Netzkomponenten und ihres Zusammenwirkens sind dabei unverzichtbar.

Weiterbildung ist beim derzeitigen Tempo des technischen Fortschritts mehr denn je ein Gebot der Stunde. Wer heute einen tech-

nischen Beruf ausübt, sieht sich schnelllebigen Veränderungen mit ständig neuen Anforderungen ausgesetzt. Sein Wissen von heute ist morgen zum Teil schon überholt. Die Bereitschaft, lebenslang Lernender zu sein, ist für den Techniker Voraussetzung zum beruflichen Erfolg und für einen zukunftssicheren Arbeitsplatz.
In den oft sehr praxisnahen Themen der Buchreihe sehe ich eine weitere wichtige Zielsetzung. Die gründliche und fundierte Ausbildung von Technikern und Ingenieuren legt sicher eine gute Basis für das Verständnis technischer Zusammenhänge. Sie liefert aber auch – und dies ist vielleicht noch wichtiger – die Methodenkompetenz, im späteren Berufsleben weitergehende technische Fragestellungen zu vertiefen und sich in Spezialgebiete einzuarbeiten. Neue Themen wie Energieeffizienz, Nutzung regenerativer Energien und damit einhergehend der Einsatz moderner IKT bestimmen nicht nur die öffentliche Diskussion, sondern schlagen sich auch in neuen und sich ändernden beruflichen Tätigkeiten nieder. So dient die vorliegende Fachbuchreihe sicher nicht nur der Weiterbildung, sie will auch dem Berufseinsteiger die Möglichkeit bieten, sein mehr theoretisches Wissen praxisnah auszurichten. Für die Autoren der Buchreihe ergibt sich die Forderung nach möglichst effizienter Wissensvermittlung. So ist es ein Qualitätsmaßstab für jede Fachliteratur, dass sie nicht allein vom fachlichen Inhalt her korrekt ist, sondern sich auch durch übersichtliche Gestaltung und flüssigen, leicht verständlichen Stil auszeichnet.
Die vorliegende Buchreihe orientiert sich an diesem Anspruch. Aus- und Weiterbildung ist für alle Unternehmen des Elektro- und Energiebereichs und deren Mitarbeiter eine Voraussetzung für ein erfolgreiches Agieren am Markt, auch unter veränderten energiewirtschaftlichen Rahmenbedingungen. Möge die vorliegende Buchreihe auch zukünftig – so wie schon in den vergangenen zwei Jahrzehnten – ihren Beitrag leisten zum Einstieg und zur Weiterbildung der in den elektrischen Verteilungsnetzen tätigen Praktiker.

Dipl.-Ing. Thomas Niemand
Westnetz GmbH, Dortmund

Vorwort des Herausgebers der Fachbuchreihe

Sehr geehrter Leser, lieber Fachkollege, Ihnen liegt die Fachbuchreihe „Anlagentechnik für elektrische Verteilungsnetze" vor. Sie haben sich für den Ihnen vorliegenden Band oder gar für die gesamte Fachbuchreihe entschieden und nutzen diese Bücher zur Unterstützung Ihrer praktischen Arbeit. Dafür gilt Ihnen von mir als Herausgeber dieser Fachbuchreihe mein herzlichster Dank, beweist Ihr Interesse doch, dass das Vorhaben, ein solches Werk für diesen Fachbereich schaffen zu wollen, richtig war.

Die Anforderungen an elektrische Anlagen und Betriebsmittel für Verteilungsnetze nehmen ständig aus verschiedenen Bereichen zu, wie der Gesetzgebung, der Sicherheitstechnik, der Ökonomie, der Zuverlässigkeit des Umweltschutzes, der Raumplanung und der Kundenanforderungen. Die Technik der Verteilungsnetze und damit die Anlagentechnik in öffentlichen Netzen und in Industrienetzen ist schon längst nicht mehr eine statische Angelegenheit, sondern die Fachleute dieser Technik sind gefordert, ständig sich verändernden Gegebenheiten anpassen zu müssen.

Selbstverständlich stehen bereits andere Fachbücher für elektrische Anlagen oder einzelne Betriebsmittel zur Verfügung. Mit dieser Fachbuchreihe möchten die Autoren, die Verlage und ich als Herausgeber Ihnen als Leser jedoch etwas Neues bieten:

- Die Thematik wird zusammenfassend als eine Fachbuchreihe angeboten, in der zum einen die wesentlichen Bestandteile der Anlagentechnik und zum anderen wichtige Tätigkeits- und Funktionalbereiche behandelt werden.
- Jeder Band ist für sich abgeschlossen und somit auch für den Leser einzeln anwendbar.
- Die Autoren sind jeweils Spezialisten der einzelnen Themenbereiche und stellen somit kompetent dem Leser ihr Wissen zur Verfügung.
- Die Fachbuchreihe kann dem Leser als Weiterbildungs- bzw. in ihrer Gesamtheit als Nachschlagewerk dienen.

- Auf theoretische Abhandlungen ist möglichst zugunsten von Darlegungen aus bzw. für die Praxis verzichtet worden.
- Es ist jeweils der neueste Stand der Technik berücksichtigt; alte Techniken werden nur erwähnt, wenn es zum Verständnis erforderlich erscheint.
- Zur Unterstützung der verbalen Aussagen ist der Anteil an Fotos, Checklisten, Tabellen, Bildern und Textzusammenfassungen gegenüber anderen Fachbüchern erhöht worden.
- Die äußere Gestaltung als Taschenbuch ist bewusst so gewählt, damit dem Praktiker die Anwendung erleichtert wird. (Benutzen nicht nur am Schreibtisch, sondern u. U. auch in der Werkstatt, an der Baustelle oder im Gespräch mit anderen Fachkollegen.)

Ich darf den Autoren für ihre intensive Arbeit und ihr Bemühen, aus der Praxis für die Praxis zu schreiben, recht herzlich danken. Mein Dank gilt auch den beiden Verlagen, die es meines Erachtens durch ihre Kooperation für dieses Werk erreicht haben, dass diese Buchreihe einen großen Leserkreis erreicht.

Meinen besonderen Dank möchte ich der Verlagsleitung des VWEW Energieverlages (heute: EW Medien und Kongresse GmbH) aussprechen, die meine Idee zur Schaffung dieses Werkes nicht nur sofort aufgegriffen, sondern auch die praktische Umsetzung initiativ bis zum Erscheinen dieser Bücher betreuend begleitet hat. Für die redaktionelle bzw. organisatorische Bearbeitung sei Frau Silvia Holz, EW Medien und Kongresse GmbH, gedankt.

Rolf Rüdiger Cichowski
Holzwickede

Vorwort zur 3. Auflage

Die vorliegende, dritte Auflage erscheint nicht nur mit verändertem Titel sondern mit vollständig überarbeitetem Inhalt. Die Aussagen zu Anschlussbedingungen, Richtlinien und Normen wurden aktualisiert und dem aktuellen Stand angepasst, Darstellungen gestrafft und Überholtes weggelassen.

Ein neues Kapitel „Bewertung der Versorgungsqualität" schildert praxisnah die Vorgehensweise der Bewertung der Versorgungs- und Spannungsqualität nach DIN EN 50160 und anderen einschlägigen Normen exemplarisch anhand eines Messberichtes. Damit wird dem Leser/der Leserin des Buches erstmals ein Leitfaden an die Hand gegeben, Messberichte in sinnvoller und nachvollziehbarer Weise zu strukturieren, detailliert abzufassen und damit die Grundlage für Interpretationen und Handlungsempfehlungen zu schaffen

Die fachliche Bearbeitung dieses Buches wurde im Oktober 2016 abgeschlossen. Die Hinweise bzgl. Nutzung dieser Auflage gelten - wie im Vorwort der 1. Auflage beschrieben – auch hier.

Der Dank der Autoren gilt dem Verlag EW Medien und Kongresse GmbH und allen Unternehmen, die durch Bilder, technische Unterlagen und andere Informationen zum Erscheinen der neuen Auflage beigetragen haben.

Unser besonderer Dank gilt Herrn Dipl.-Ing. Wolfgang Just, der die beiden vorherigen Ausgaben des Fachbuchs initiiert, maßgeblich mit bearbeitet und gestaltet hat und für die Bearbeitung der 3. Auflage nicht mehr zur Verfügung stand.

Aus herstellungstechnischen Gründen konnte in den Berechnungsgleichungen die normgerechte Schreibweise, nach der Variablen (Größen) kursiv und Konstante (Indizes) nicht kursiv darzustellen sind, nicht durchgängig eingehalten werden. Die Autoren bitten dies zu entschuldigen.

Schwerpunktmäßig wurden die Kapitel wie folgt bearbeitet:

Dr. rer.nat. Dresel	Kapitel 4
Dipl.-Ing. Große-Gehling	Kapitel 5
Dipl.-Ing. Reese	Kapitel 2 und 3
Prof. Dr.-Ing. Schlabbach	Kapitel 1, 4.1, 6 sowie teilweise Kapitel 5

Brilon, Bielefeld, im Januar 2017

christian.dresel@dominit.eu
m.grosse-gehling@d-ips.de
juergen.reese@dominit.eu
juergen.schlabbach@fh-bielefeld.de

Inhalt

1 Grundlagen

1.1 Allgemeines

Induktive Betriebsmittel und Verbraucher, wie Motoren, induktive Vorschaltgeräte von Gasentladungslampen, Drosselspulen, Transformatoren, Generatoren im untererregten Betrieb, sowie Kabel und Leitungen mit hoher Strombelastung benötigen zum Aufbau des magnetischen Feldes induktive Blindleistung; dies wird manchmal als Blindleistungsverbrauch bezeichnet. Andere Betriebsmittel und Verbraucher, wie Gleichrichter mit kapazitiver Glättung, Kompaktleuchtstofflampen, Kondensatoren, Generatoren im übererregten Betrieb und leerlaufende oder niedrig belastete Freileitungen und Kabel stellen kapazitive Blindleistung bereit, die aus dem Aufbau des elektrischen Feldes herrührt; dies wird manchmal als Blindleistungserzeugung bezeichnet. Im Gegensatz zur Wirkleistung wird Blindleistung beim Endverbraucher nicht in Wärme, Licht oder Drehmoment umgesetzt. Blindströme müssen aber ebenso wie Wirkströme über die Anschlussleitungen der Betriebsmittel und Verbraucher, über vorgelagerte Leitungen und Transformatoren von den „Blindleistungserzeugern“ (Kapazitäten, Generatoren im übererregten Betrieb, leerlaufende Leitungen) zu den „Blindleistungsverbrauchern“ übertragen werden. Dadurch erhöht sich der zu übertragende Strom, da sich Wirkstrom I_w und Blindstrom I_b nach Betrag und Phasenlage addieren.

Die zur Blindleistung zugehörigen Blindströme sind bei Anwendung des Verbraucherzählpfeilsystems (VZS) bei induktiver Blindleistung der Spannung um 90° nacheilend, bei kapazitiver Blindleistung eilt der Strom der Spannung um 90° voraus. Beim Erzeugerzählpfeilsystem werden die von einem ohmsch-induktiven Verbraucher aufgenommenen Wirk- und Blindleistungen positiv gezählt, die von einem übererregten Generator erzeugten Wirk- und Blindleistungen sind demzufolge negativ zu zählen, siehe hierzu auch DIN 40110. Bei Anwendung des Erzeugerzählpfeilsystems (EZS) werden die von einem Generator im übererregten Betrieb erzeugten Wirk- und Blindleistungen positiv gezählt. Die von einem ohmsch-induktiven Verbraucher aufgenommene Wirk- und Blindleistung werden im EZS negativ gezählt. Bild 1.1 verdeutlicht die Zusammenhänge am Beispiel des ohmsch-induktiven Verbrauchers $\underline{Z} = R + jX$ an einem Netz mit der Außenleiter-Erdspannung $\underline{U} = \underline{U}_Q/\sqrt{3}$.

Im Verbraucherzählpfeilsystem werden die vom ohmsch-induktiven Verbraucher (Last) aufgenommene Wirkleistung und die aufgenommene induktive Blindleistung positiv gezählt. Die Blindleistung eines Kondensators und die Blindleistung eines übererregten Generators werden negativ gezählt, ebenso wie die von einem Generator abgegebene Wirkleistung. Im Erzeugerzählpfeilsystem werden die vom ohmsch-induktiven Verbraucher aufgenommene Wirkleistung und die aufgenommene induktive Blindleistung negativ gezählt. Die Blindleistung eines Kondensators und die Blindleistung eines übererregten Generators werden positiv gezählt, ebenso wie die von einem Generator abgegebene Wirkleistung.

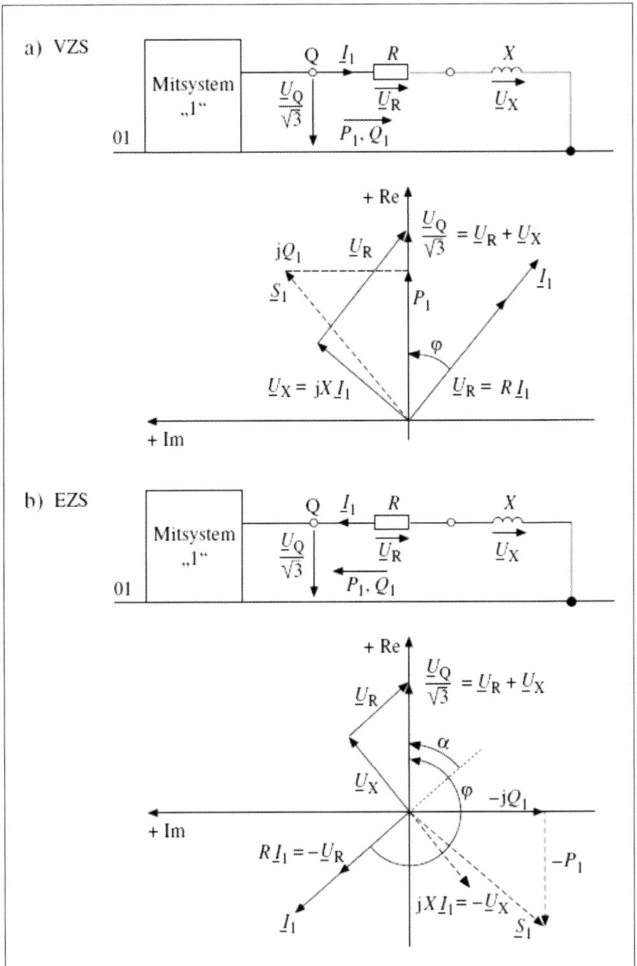

Bild 1.1 Ersatzschaltplan eines an ein Drehstromsystem angeschlossenen ohmsch-induktiven Verbrauchers, nach [1.1]
a) Schaltung des Mitsystems und Zeigerdiagramm im Verbraucherzählpfeilsystem
b) Schaltung des Mitsystems und Zeigerdiagramm im Erzeugerzählpfeilsystem

1.2 Herleitung der Leistungsbegriffe

Der Augenblickswert der Leistung $p(t)$ in einem Wechselstromkreis berechnet sich gemäß Gl. (1.1) zu

$$p(t) = u(t) \cdot i(t) \tag{1.1}$$

mit den Augenblickswerten des Stromes $i(t)$ und der Spannung u(t). Im Allgemeinen weist dieses Produkt positive und negative Werte während einer Periode auf. Die mittlere Leistung nach Gl. (1.2) wird Wirkleistung genannt.

$$\overline{P} = \frac{1}{T}\int_0^T u(t) \cdot i(t)\,dt \tag{1.2}$$

Geht man von sinusförmigem Strom und Spannung nach Gln. (1.3) aus,

$$u(t) = \hat{u} \cdot \cos\left(\omega t + \varphi_U\right) \tag{1.3a}$$

$$i(t) = \hat{i} \cdot \cos\left(\omega t + \varphi_I\right) \tag{1.3b}$$

so gelten für die Augenblickswerte der Leistung als Produkt der Augenblickswerte der Spannung und des Stromes Gl. (1.4a)

$$p(t) = \hat{u} \cdot \hat{i} \cdot \cos(\omega t + \varphi_U) \cdot \cos(\omega t + \varphi_I) \tag{1.4a}$$

und nach Umformung Gl. (1.4b)

$$p(t) = \frac{\hat{u} \cdot \hat{i}}{2} \cdot \cos\varphi + \frac{\hat{u} \cdot \hat{i}}{2} \cdot \cos(2\omega t + \varphi) \tag{1.4b}$$

mit $\varphi = \varphi_U - \varphi_I$. Die Leistung $p(t)$ schwingt mit der doppelten Frequenz um den Mittelwert $\frac{\hat{u} \cdot \hat{i}}{2} \cdot \cos\varphi$. Dieser Mittelwert ist

die Wirkleistung *P*. Das Produkt $\frac{\hat{u} \cdot \hat{i}}{2}$ bezeichnet man als Scheinleistung *S*.
Eliminiert man in Gl. (1. 4a) φ_U oder φ_I, so ergeben sich Gln. (1. 5)

$$p(t) = \frac{\hat{u} \cdot \hat{i}}{2} \cdot \cos\varphi + \frac{\hat{u} \cdot \hat{i}}{2} \cdot \cos(2\omega t + 2\varphi_I) - \frac{\hat{u} \cdot \hat{i}}{2} \cdot \sin\varphi \cdot \sin(2\omega t + 2\varphi_I) \qquad (1.5a)$$

$$p(t) = \frac{\hat{u} \cdot \hat{i}}{2} \cdot \cos\varphi + \frac{\hat{u} \cdot \hat{i}}{2} \cdot \cos(2\omega t + 2\varphi_U) + \frac{\hat{u} \cdot \hat{i}}{2} \cdot \sin\varphi \cdot \sin(2\omega t + 2\varphi_U) \qquad (1.5b)$$

Die Größe $\frac{\hat{u} \cdot \hat{i}}{2} \cdot \sin\varphi$ bezeichnet man als Blindleistung *Q*. Die Blindleistung $Q = \frac{\hat{u} \cdot \hat{i}}{2} \cdot \sin\varphi$ schwingt mit der doppelten Frequenz um den Mittelwert Null. Die Bildleistung wird positiv und als induktive Blindleistung bezeichnet, wenn der Winkel φ zwischen 0° und +180° liegt, mithin die Spannung dem Strom voreilt, die Blindleistung wird negativ und als kapazitive Blindleistung bezeichnet, wenn der Winkel zwischen 0° und -180° liegt, mithin die Spannung dem Strom nacheilt.

Es gilt in jedem Fall Gl. (1.6a)

$$|Q| = \sqrt{S^2 - P^2} \qquad (1.6a)$$

da die Amplituden der Wirkleistung *P*, der Blindleistung *Q* und der Scheinleistung *S* nach Gln. (1.6b–d) definiert sind.

$$\overline{P} = P = \frac{\hat{u} \cdot \hat{i}}{2} \cdot \cos(\varphi_U - \varphi_I) \qquad (1.6b)$$

$$Q = \frac{\hat{u} \cdot \hat{i}}{2} \cdot \sin(\varphi_U - \varphi_I) \qquad (1.6c)$$

$$S = \frac{\hat{u} \cdot \hat{i}}{2} \qquad (1.6d)$$

Verwendet man, wie in der elektrischen Energietechnik üblich, an Stelle der Scheitelwerte Effektivwerte, so ergeben sich Wirkleistung *P*, Blindleistung *Q* und Scheinleistung *S* nach Gln. (1.6e-g)

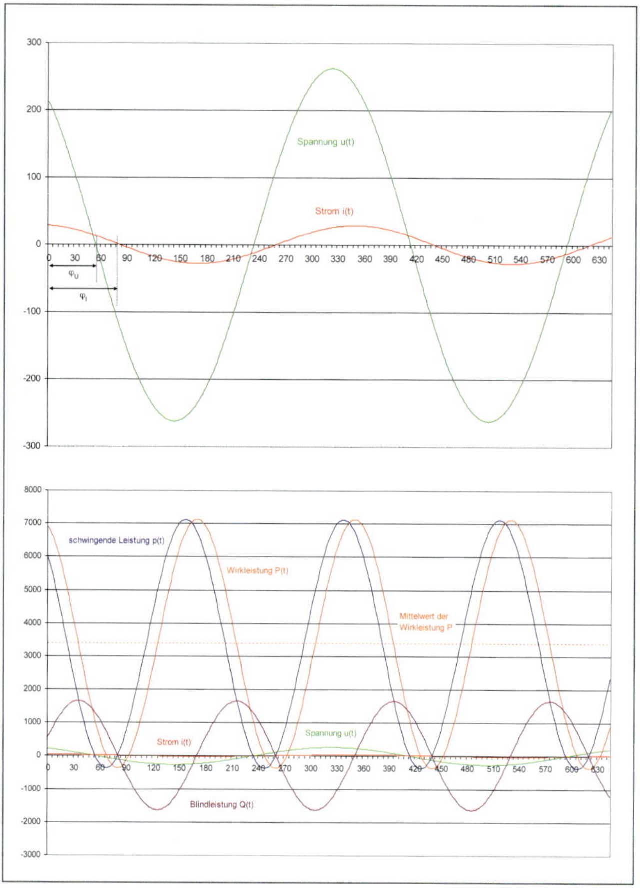

Bild 1.2 Strom, Spannung und Leistungen an einem ohmsch-induktiven Verbraucher
a) Zeitverlauf des Stromes und der Spannung
b) Zeitverlauf der Leistungen

$$\overline{P} = P = U \cdot I \cdot \cos(\varphi_U - \varphi_I) \tag{1.6e}$$

$$Q = U \cdot I \cdot \sin(\varphi_U - \varphi_I) \tag{1.6f}$$

$$S = U \cdot I \tag{1.6g}$$

Der Quotient aus Wirkleistung P und Scheinleistung S wird allgemein Leistungsfaktor genannt, der im Fall von sinusförmigen Strömen und Spannungen gleich dem Grundschwingungs-Leistungsfaktor cos φ ist.

Bild 1.2 zeigt Strom- und Spannungsverläufe an einem ohmsch-induktiven Verbraucher sowie die sich daraus ergebenden Leistungsverläufe.

Wirkleistung schwingt im 50-Hz-Netz mit 100 Hz um einen Mittelwert, den man als „Wirkleistung" bezeichnet, Blindleistung schwingt mit 100 Hz um den Mittelwert Null.

1.3 Leistungen bei oberschwingungshaltigen Größen

Wirkleistung kann nur zwischen Strom und Spannung gleicher Frequenz umgesetzt werden. Oberschwingungsströme (und Ströme zwischenharmonischer Frequenzen) setzen mit Spannungen anderer Frequenzen und damit auch mit der Grundschwingungsspannung nur schwingende Leistungen mit dem Mittelwert Null um. Bei sinusförmiger Spannung U und nichtsinusförmigem Strom (Wirkanteil der Grundschwingung $I_{w,1}$; Blindanteil der Grundschwingung $I_{b,1}$; Oberschwingungen I_{ν}) gelten zwischen den Leistungen die Beziehungen nach Gln. (1.7)

$$S^2 = P_1^2 + Q_1^2 + Q_d^2 \tag{1.7a}$$

$$S^2 = U^2 \cdot \left(I_{w,1}^2 + I_{b,1}^2 + \sum_{\nu=2}^{H} I_{\nu}^2 \right) \tag{1.7b}$$

mit der Wirkleistung P_1 aus der Stromgrundschwingung, der Blindleistung Q_1 aus der Stromgrundschwingung und der Verzerrungsleistung Q_d aus den Stromoberschwingungen nach Gln. (1.8)

$$P_1 = U \cdot I_1 \cdot \cos\varphi \tag{1.8a}$$

$$Q_1 = U \cdot I_1 \cdot \sin\varphi \tag{1.8b}$$

$$Q_d = U \cdot \sqrt{\sum_{\nu=2}^{H} I_\nu^2} \tag{1.8c}$$

Die Größen lassen sich in einem rechtwinkligen Koordinatensystem nach Bild 1.3 darstellen.

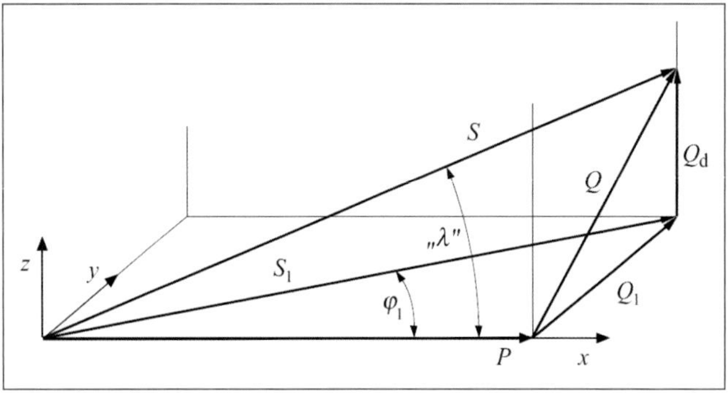

Bild 1.3 Schein-, Wirk- Blind- und Verzerrungsleistung, Leistungsfaktor und Verschiebungsfaktor in einem rechtwinkligen Koordinatensystem.

Sind beide Größen, Spannung und Strom, nicht sinusförmig, so ist zu beachten, dass durch Oberschwingungen gleicher Frequenz in Strom und Spannung ebenfalls Wirkleistung umgesetzt wird.
Der Leistungsfaktor λ als Quotient der Wirkleistung und der Scheinleistung gilt allgemein nach Gl. (1.9)

$$\lambda = \frac{|P|}{\sqrt{\left(P^2 + Q_1^2 + Q_d^2\right)}} \tag{1.9}$$

Der Verschiebungsfaktor cos φ_1 als Quotient der Wirkleistung zur Grundschwingungsscheinleistung wird im Falle sinusförmiger Spannung und nichtsinusförmiger Ströme als Grundschwingungs-Leistungsfaktor nach Gl.(1.10) definiert.

$$\cos\varphi_1 = \frac{P}{\sqrt{P^2 + Q_1^2}} = \frac{P}{S_1} \tag{1.10}$$

Damit ergibt sich der Zusammenhang zwischen Leistungsfaktor λ, Verschiebungsfaktor cos φ_1 und dem Grundschwingungsgehalt g_i des Stromes nach Gl. (1.11)

$$\lambda = g_i \cdot \cos\varphi_1 \tag{1.11}$$

Mit dem Grundschwingungsgehalt g_i als Quotient des Effektivwertes der Grundschwingung zum Gesamteffektivwert nach Gl. (1.12)

$$g_i = \frac{I_1}{I} \tag{1.12}$$

und dem Effektivwert I als Wurzel der quadratischen Summe der Oberschwingungsströme nach Gl. (1.13)

$$I = \sqrt{\sum_{\nu=1}^{H} I_\nu^2} \tag{1.13}$$

In Bezug auf Netzrückwirkungen ist es im Allgemeinen üblich, die Betrachtung nur bis zur Ordnung $H = 40$ oder $H = 50$ vorzunehmen.

Nach DIN 40110 kennzeichnet die Größe „Leistungsfaktor“ den Gesamtleistungsfaktor unter Einbeziehung von Oberschwingungen. Die Größe cos φ_1 dagegen kennzeichnet den Grundschwingungs-Leistungsfaktor, auch Grundschwingungs-Verschiebungsfaktor genannt, der für die Auslegung von Kompensationsanlagen maßgeblich ist. Der besseren Lesbarkeit wegen und um den Übergang von dem im allgemeinen Sprachgebrauch verbreiteten, aber ungenauen Terminus „Leistungsfaktor“ zu einer DIN-gerechten Bezeichnung zu erleichtern, wird in diesem Buch der Begriff “Grundschwingungs-Leistungsfaktor“ oder „Verschiebungsfaktor“ für das Verhältnis von Grundschwingungswirkleistung zu Grundschwingungsscheinleistung verwendet und mit der Bezeichnung $\cos\varphi_1$ versehen.

Als Leistungsfaktor λ bezeichnet man das Verhältnis von Wirkleistung zur gesamten Scheinleistung, also unter Berücksichtigung der Oberschwingungsverzerrungsleistung. Die Größe $\cos\varphi_1$ wird Grundschwingungs-Leistungsfaktor oder Verschiebungsfaktor genannt und bezeichnet das Verhältnis von Wirkleistung zur Grundschwingungsscheinleistung.

1.4 Blindleistung, Verluste und Spannungsfall

Blindströme müssen ebenso wie Wirkströme über die Anschlussleitungen der Betriebsmittel und Verbraucher, über vorgelagerte Leitungen und Transformatoren übertragen werden. Dadurch erhöht sich der zu übertragende Strom nach Gln. (1.14). Die nachfolgenden Betrachtungen gehen von sinusförmigen (Grundschwingung) Verläufen bei Strom und Spannung aus.

$$\underline{I} = I_w + jI_b \tag{1.14a}$$

Mit dem Betrag des komplexen Stromes nach Gln. (1.14b und c)

$$I = \sqrt{I_w^2 + I_b^2} \tag{1.14b}$$

$$I = \frac{I_w}{\cos\varphi_1} \tag{1.14c}$$

Die Verbesserung des Grundschwingungs-Leistungsfaktors cos φ_1 führt also bei gleichem Wirkstrom I_W zu einer Verringerung des zu übertragenden Stromes I; die übertragbare Wirkleistung wird durch Verbesserung des Grundschwingungs-Leistungsfaktors mittels Blindleistungskompensation erhöht, da dann die zu übertragende Scheinleistung, die sich aus der geometrischen Addition von Wirk- und Scheinleistung ergibt, und damit der zu übertragende Strom gleich bleiben.

Blindleistung sollte daher nicht über lange Leitungswege oder über Transformatoren übertragen werden, sondern möglichst verbraucher- und verbrauchsnah bereitgestellt werden. Zur Kompensation der induktiven Blindleistung muss der nacheilende Strom der induktiven Last so verschoben werden, dass er nahezu in Phase mit der Spannung ist.

Für Wechselstromsysteme gelten Gln. (1.15)

$$\left|\underline{S}\right| = U \cdot I \qquad (1.15a)$$

$$\cos\varphi_1 = \frac{P}{\sqrt{P^2 + Q^2}} = \frac{P}{S} \qquad (1.15b)$$

Bei niedrigem Grundschwingungs-Leistungsfaktor cos φ_1 werden z.B. Leitungen höher belastet, die Stromwärmeverluste P_V nach Gl. (1.16) nehmen zu, Spannungsfälle erhöhen sich.

$$P_V = I^2 \cdot R \qquad (1.16)$$

Wegen der zusätzlich zu übertragenden Blindleistung müssen Betriebsmittel wie Leitungen, Transformatoren und Schalter, Verteileranlagen der Netzbetreiber und letztlich auch die elektrischen Netze des Kunden hinsichtlich ihrer Strombelastbarkeit evtl. höher dimensioniert werden. Aus der Sicht des Netzbetreibers steigen bei niedrigem cos φ_1 evtl. die Investitions- und Wartungskosten für das Netz, bedingen einen höheren Einsatz an Primärenergie in den Kraftwerken, was zur Erhöhung von

CO_2- und anderer Emissionen der Elektroenergieerzeugung beiträgt oder führen bei Anlagen der erneuerbaren Energiequellen zu einer Verringerung der zu verkaufenden Energiemengen.

Ein niedriger Verschiebungsfaktor cos φ_1 führt zu:
- Erhöhung der Verluste auf Leitungen
- Erhöhung des Spannungsfalls an Leitungen
- Verringerung der verfügbaren Leistung am Transformator
- Erhöhung des Spannungsfalls am Transformator
- Erhöhung der Transformatorverluste
- Erhöhung von CO_2-Emissionen

Bei der Betrachtung der Übertragungsverluste, z.B. einer Leitung, zeigt sich die Auswirkung eines niedrigen cos φ_1 am deutlichsten. Die Verlustleistung P_V steigt mit fallendem cos φ_1 gemäß Gl. (1.17) quadratisch an.

$$P_V = \frac{l \cdot P^2}{\kappa \cdot A \cdot U^2 \cdot (\cos\varphi_1)^2} \tag{1.17a}$$

$$P_V \sim \frac{1}{(\cos\varphi_1)^2} \tag{1.17b}$$

Es bedeuten:

A	Leitungsquerschnitt in mm²
l	maximale einfache Leitungslänge in m
P	zu übertragende Wirkleistung in W
κ	elektrische Leitfähigkeit des Leiters in m/Ω·mm²
cos φ_1	Grundschwingungs-Leistungsfaktor

Beträgt z. B. bei einer Übertragungsleistung $P = 300$ kW und cos $\varphi_1 = 1$ der Leistungsverlust 6 kW (entsprechend 2%), so steigt der Verlust bei cos φ_1 = 0,6 auf rund 16,7 kW (entsprechend 5,5%) an. Bei der Dimensionierung des elektrischen Übertragungs- und Verteilungsnetzes spielt die Verlustleistung eine wichtige Rolle auch mit Blick auf die Erhöhung der Energieeffizienz. Bei einer elektrischen Leitung sind die Leitungsverluste dem Quadrat des Stromes proportional. Die durch den Gesamtstrom hervorgerufenen Stromwärmeverluste errechnen sich bei Drehstrom nach Gl. (1.18).

$$P_V = 3 \cdot I^2 \cdot R_L \tag{1.18}$$

Es bedeuten:

I Leiterstrom in A

R_L Leitungswiderstand eines Außenleiters in Ω

Durch Erhöhung des Grundschwingungs-Leistungsfaktors von $\cos \varphi_{1,ist}$ auf $\cos \varphi_{1,soll}$ werden die ursprünglichen Verluste um den Verlustreduzierungsfaktor k_{PV} nach Gl. (1.19) herabgesetzt.

$$k_{PV} = \left(\frac{\cos \varphi_{1,ist}}{\cos \varphi_{1,soll}} \right)^2 \tag{1.19}$$

Aus Bild 1.4 ist zu erkennen, dass die Verbesserung des $\cos \varphi_1$ von z.B. $\cos \varphi_1 = 0{,}6$ auf $\cos \varphi_1 = 0{,}8$, zu einer Verringerung der Verluste um 44% führt. Eine Verbesserung von $\cos \varphi_1 = 0{,}6$ auf $\cos \varphi_1 \approx 1{,}0$ führt zu einer Reduzierung der Verluste um 64%.

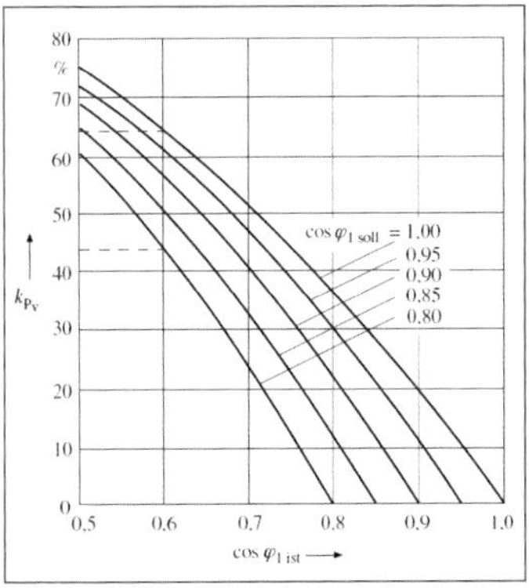

Bild 1.4 Prozentuale Verlustminderung kPV in Abhängigkeit vom Ausgangswert $\cos \varphi_{1,ist}$ und Endwert $\cos \varphi_{1,soll}$ des Grundschwingungs-Leistungsfaktors nach [1.2]

Zur Berechnung der Transformatorverluste gilt unter Vernachlässigung der stromunabhängigen Eisen- und Wirbelstromverluste Gl. (1.20)

$$P_{V,T} = P_{V,r} \cdot \left(\frac{P}{S_r \cdot \cos\varphi_{1,ist}} \right)^2 \qquad (1.20)$$

Es bedeuten:

$P_{V,T}$	Transformator-Gesamtverluste
$P_{V,r}$	Transformatorverluste im Nennbetrieb (Kurzschlussverluste)
P	Wirkleistungsbelastung im Betrieb
$\cos\varphi_{1,ist}$	Grundschwingungs-Leistungsfaktor (Istwert)
S_r	Bemessungsscheinleistung des Transformators

Beispiel: Bei einer Transformator-Bemessungsscheinleistung $S_r = 500$ kVA, Transformatorverlusten im Nennbetrieb $P_{V,r} = 710$ W und einer Wirkleistungsbelastung $P = 300$ kW bei $\cos\varphi_{1,ist} = 0{,}7$ ergeben sich die Gesamtverluste zu $P_{V,T} = 5{,}56$ kW. Bei Verbesserung des Grundschwingungs-Leistungsfaktors auf $\cos\varphi_1 \approx 1$, sinken die Verluste auf 3,11 kW. Das ergibt bei 220 Betriebstagen des Transformators im Zweischichtbetrieb eine Reduzierung der Verlustenergie von rund 8694 kWh/a.

Insbesondere bei Mittel- und Hochspannungsfreileitungen sowie bei Transformatoren wirkt sich die Abhängigkeit des Spannungsfalls ΔU vom Grundschwingungs-Leistungsfaktor $\cos\varphi_1$ stark aus [1.1]. Als Faustformel gilt Gl. (1.21).

$$\Delta U \approx I \cdot \left(R \cdot \cos\varphi_1 + \omega \cdot L \cdot \sin\varphi_1 \right) \qquad (1.21)$$

Es bedeuten:

R, $\omega \cdot L$	Ohmscher und induktiver Anteil der Leitungs- bzw. Transformatorimpedanz
φ_1	Phasenverschiebungswinkel zwischen Strom und Spannung am Ende der Leitung bzw. auf der Lastseite des Transformators

Der Zusammenhang des Spannungsfalls eines Transformators mit der Belastung wird durch das Zeigerdiagramm nach Bild 1.5 verdeutlicht.

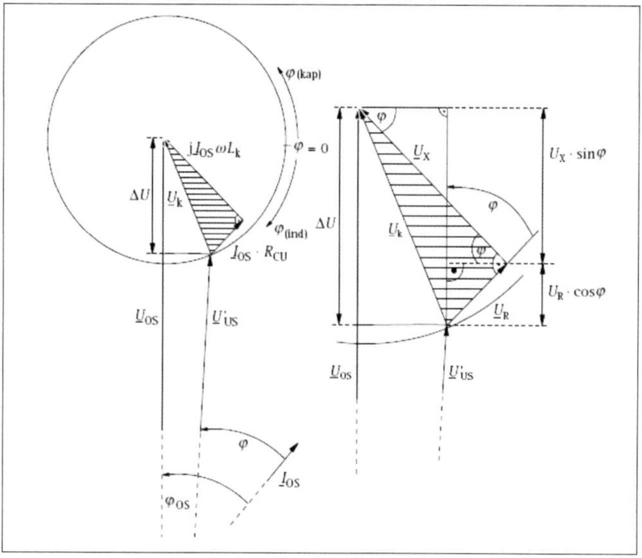

Bild 1.5 Zeigerdiagramm eines Transformators zur Verdeutlichung des Spannungsfalls

Aus den o.a. Erläuterungen wird ersichtlich, dass die Einhaltung eines vorgegebenen Wertes des Grundschwingungs-Leistungsfaktors cos φ_1, wie er z. B. in der Niederspannungs-Anschlussverordnung (NAV), den technischen Anschlussbedingungen (TAB Nieder- und Mittelspannung) und in den meisten Versorgungs-Verträgen und Strompreisregelungen für Sondervertragskunden gefordert wird, erforderlich ist. Zur Überprüfung der vereinbarten bzw. vorgegebenen Werte wird bei Geschäftskunden (in der Regel bei Sondervertragskunden mit $P \geq 30$ kW oder $P \geq 50$ kW) neben dem Zähler für die Wirkarbeit auch ein Zähler für die Blindarbeit installiert.

Vom Netzbetreiber (nicht vom Stromanbieter) wird meist ein $\cos \varphi_1$ gefordert, der im Bereich $\cos \varphi_1 = 0{,}9 \ldots 0{,}92$ induktiv liegen muss. Berücksicht man das nicht und kompensiert z.B. höher mit $\cos \varphi_1 \approx 1$, so besteht bei geringen Laständerungen die Gefahr einer Überkompensation. Diese Überkompensation ist allgemein seitens des Netzbetreibers unerwünscht, da es dann im Zusammenwirken der Verbraucher bzw. Lasten mit dem üblicherweise kapazitiv wirkenden Nieder- und Mittelspannungsnetz in Summe zu einer kapazitiven Belastung der höheren Spannungsebenen kommt mit der Folge, dass Erzeugungseinheiten im untererregten Betrieb, mithin mit geringerer Stabilität arbeiten als bei übererregtem Betrieb, der bei einer insgesamt induktiven Netzlast (Lasten, Verbraucher und versorgende Netze) möglich ist. Hinzu kommt noch, dass die Investitionskosten einer Kompensation, die z. B. für $\cos \varphi_1 = 0{,}95$ ausgelegt ist, erheblich höher sind als bei einer Kompensation auf $\cos \varphi_1 = 0{,}92$, wenn man vom gleichen Istwert des Verschiebungsfaktors ausgeht.

In Netzen mit hohem Kabelanteil gibt es daher bei einigen Netzbetreibern die Regelung, Blindenergiemehrverbrauch in Rechnung zu stellen, um insbesondere in Schwachlastzeiten eine Überkompensation im Netz zu verhindern.

1.5 Reihen- und Parallelresonanzen

Bei Einsatz von Kondensatoren zur Blindleistungskompensation werden die Verhältnisse von induktiven und kapazitiven Teilen der Netzimpedanz verändert. Diese bilden aus Sicht des gespeisten Netzes eine Parallelresonanz, aus Sicht des einspeisenden Mittelspannungsnetzes bilden Transformator und Kondensator einen Reihenresonanzkreis, wie in Bild 1.6 dargestellt.

Grundsätzlich können in Netzen jeder Spannungsebene Resonanzen auftreten, wobei die kapazitiven Anteile nicht nur durch Kompensationsanlagen sondern besonders auch in Mittelspannungsnetzen durch angeschlossene Kabel bedingt sind. Da solche Resonanzen in Netzen der elektrischen Energieversorgung

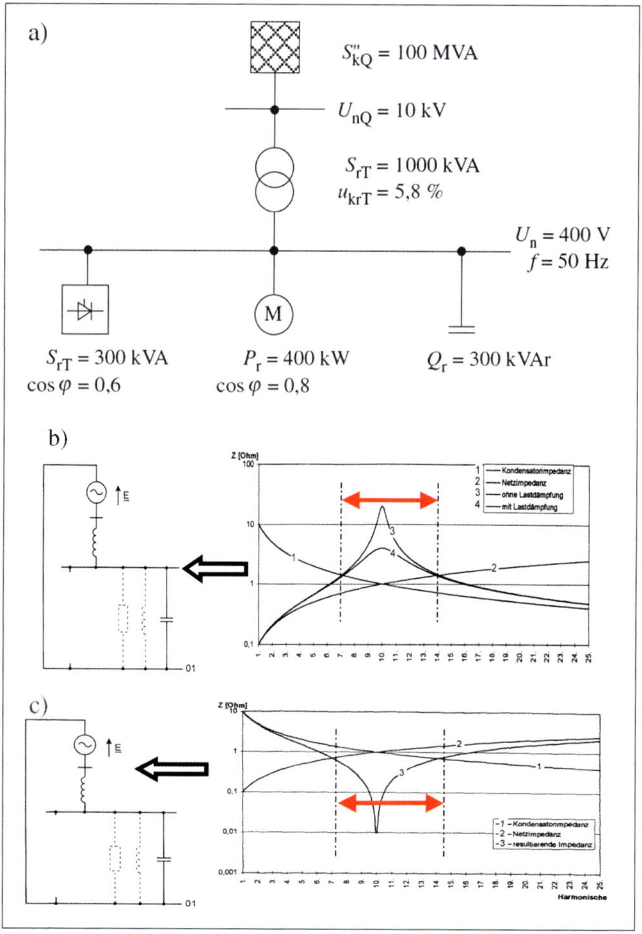

Bild 1.6 Einspeisung eines Niederspannungsnetzes mit Kompensationsanlage
a) Netzschaltbild
b) Ersatzschaltung und Impedanzen bei Parallelresonanz (aus Sicht der 400-V-Schiene)
c) Ersatzschaltung und Impedanzen bei Reihenresonanz (aus Sicht des 10-kV-Anschlusses)

typischerweise bei Frequenzen im Bereich einiger 100 Hz bis in den kHz-Bereich hinein auftreten, also in einem Bereich, in dem Oberschwingungen und zwischenharmonische Ströme emittiert werden sowie der Betrieb von Rundsteuersendern erfolgt, müssen Resonanzen im Hinblick auf ihr Verhalten bei höherfrequenten Anteilen in Strom und Spannung analysiert werden können, siehe hierzu [1.3] und [1.4].

Zunächst wird der Reihenschwingkreis nach Bild 1.7 betrachtet.

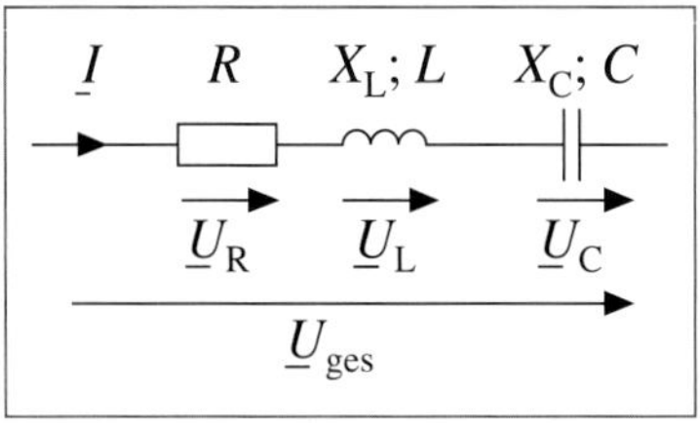

Bild 1.7 Ersatzschaltung eines Reihenschwingkreises

Die Impedanz des Reihenschwingkreises berechnet sich nach Gl. (1.21) zu

$$\underline{Z} = R + j\omega \cdot L - j\frac{1}{\omega \cdot C} \tag{1.21}$$

Bei Resonanzkreisfrequenz ω_{res} bzw. Resonanzfrequenz f_{res} nach Gln. (1.22) ist der Imaginärteil der Impedanz Z gleich Null, Resonanz ist gegeben.

$$\omega_{res} = \frac{1}{\sqrt{L \cdot C}} \tag{1.22a}$$

$$f_{res} = \frac{1}{2\pi \cdot \sqrt{L \cdot C}} \tag{1.22b}$$

Sind Kurzschlussleistung S_k und kapazitive Leistung Q_C z.B. einer Kompensationsanlage bekannt, so berechnet sich die Resonanzfrequenz f_{res} nach Gl. (1.23)

$$f_{res} = f_1 \cdot \sqrt{\frac{S_k}{Q_C}} \tag{1.23}$$

Bei Resonanzfrequenz wird die Impedanz des Reihenschwingkreises nur durch den Wert der Resistanz R begrenzt. Für Frequenzen oberhalb der Resonanzfrequenz f_{res} wird die Impedanz des Reihenschwingkreises induktiv, für Frequenzen unterhalb der Resonanzfrequenz f_{res} ist die Impedanz kapazitiv. Bei Anlegen einer Spannung an den Schwingkreis steigt der Strom durch den Schwingkreis mit Annäherung der Frequenz an die Resonanzfrequenz an. Der Verlauf des Betrages der Impedanz des Schwingkreises sowie der Verlauf des relativen Stromes sind in Bild 1.8 dargestellt.

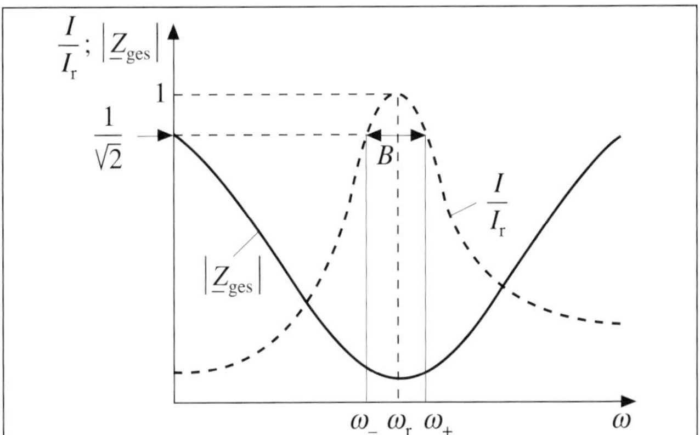

Bild 1.8 Qualitativer Verlauf von Impedanz und bezogenem Strom eines Reihenschwingkreises mit Angaben der Kreisfrequenzen

Ausgehend von Gl. (1.21)

$$\underline{Z} = R + j\omega \cdot L + \frac{1}{j\omega \cdot C} \tag{11.1}$$

unter Einsetzen der Resonanzbedingung nach Gln. (1.22) ergibt sich Gl. (1.24)

$$\underline{Z} = R \cdot \left(1 + j\frac{2\pi \cdot f_{res} \cdot L}{R} \cdot \left(\frac{f}{f_{res}} - \frac{f_{res}}{f}\right)\right) \qquad (1.24)$$

Das Verhältnis nach Gl. (1.25a) bezeichnet man als Dämpfung *d* oder Verlustfaktor des Reihenschwingkreises

$$d = \frac{R}{2\pi \cdot f_{res} \cdot L} = R \cdot \sqrt{\frac{C}{L}} \qquad (1.25a)$$

Der Kehrwert der Dämpfung d wird als Güte *Q* bezeichnet. Den Ausdruck in der zweiten Klammer in Gl. (1.24) bezeichnet man gemäß Gl. (1.26) als Verstimmung *v* des Schwingkreises.

$$v = \frac{f}{f_{res}} - \frac{f_{res}}{f} \qquad (1.26)$$

Eine weitere Größe zur Beschreibung eines Schwingkreises stellt die Bandbreite *B* nach Gl. (1.27) dar. Sie ist durch zwei Frequenzen f_+ und f_- oberhalb und unterhalb der Resonanzfrequenz f_{res} definiert, bei denen der Betrag der Impedanz $|\underline{Z}|$ auf den √2-fachen Wert bezogen auf den Wert der Impedanz bei Resonanzfrequenz angestiegen ist, siehe auch Bild 1.6b und Bild 1.8.

$$B = f_+ - f_- = \frac{R}{2\pi \cdot L} \qquad (1.27)$$

Die Spannung an den einzelnen Komponenten des Schwingkreises steigt mit Annäherung an die Resonanzfrequenz an. Die Spannungen berechnen sich gemäß Gln. (1.28) zu

$$\underline{U}_L = \frac{j\omega \cdot L}{\underline{Z}} \cdot \underline{U}_{ges} \qquad (1.28a)$$

$$\underline{U}_C = \frac{1}{j\omega \cdot C \cdot \underline{Z}} \cdot \underline{U}_{ges} \tag{1.28b}$$

Durch Umformen und Bezug auf die anliegende Gesamtspannung $\underline{U}_{ges}$ erhält man für die Spannungen an der Induktivität bzw. am Kondensator Gln. (1.29)

$$\frac{U_L}{U_{ges}} = \frac{f/f_{res}}{\sqrt{d^2 + \left(f/f_{res} - f_{res}/f\right)^2}} \tag{1.29a}$$

$$\frac{U_C}{U_{ges}} = \frac{f_{res}/f}{\sqrt{d^2 + \left(f/f_{res} - f_{res}/f\right)^2}} \tag{1.29b}$$

Der Betrag der Spannung U_L an der Induktivität bzw. U_C am Kondensator wird in Abhängigkeit von der Güte des Schwingkreises in der Nähe der Resonanzfrequenz u.U. wesentlich größer als der Betrag der Gesamtspannung U_{ges}.

Beim Parallelschwingkreis nach Bild 1.9 stellen sich die Verhältnisse ähnlich dar.

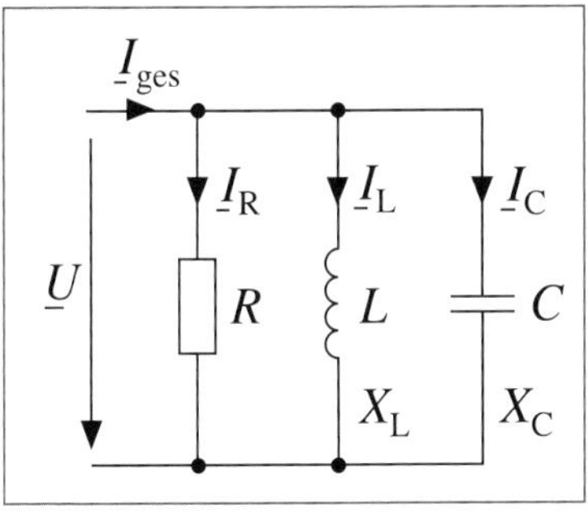

Bild 1.9 Ersatzschaltung eines Parallelschwingkreises

Die Admittanz des Parallelschwingkreises berechnet sich nach Gl. (1.30) zu

$$\underline{Y} = \frac{1}{R} + j\omega \cdot C - j\frac{1}{\omega \cdot L} \tag{1.30}$$

Bei Resonanzkreisfrequenz ω_{res} bzw. Resonanzfrequenz f_{res} nach Gln.(1.31)

$$\omega_{res} = \frac{1}{\sqrt{L \cdot C}} \tag{1.31a}$$

$$f_{res} = \frac{1}{2\pi \cdot \sqrt{L \cdot C}} \tag{1.31b}$$

$$f_{res} = f_1 \cdot \sqrt{\frac{S_k}{Q_C}} \tag{1.31c}$$

wird der Imaginärteil der Admittanz $|\underline{Y}|$ zu Null. Die Impedanz des Parallelschwingkreises bei Resonanzfrequenz ist nur durch den Wert der Resistanz R begrenzt. Für Frequenzen oberhalb der Resonanzfrequenz f_{res} wird die Impedanz der Parallelschwingkreises kapazitiv, für Frequenzen unterhalb der Resonanzfrequenz f_{res} ist die Impedanz induktiv. Fließt durch den Schwingkreis ein Strom, so steigt mit Annäherung der Frequenz an die Resonanzfrequenz die Spannung am Schwingkreis an. Der Verlauf des Betrages der Admittanz des Parallelschwingkreises und der Verlauf der relativen Spannung sind in Bild 1.10 dargestellt.

Dämpfung d und Güte Q des Parallelschwingkreises sind ähnlich wie beim Reihenschwingkreis definiert nach Gl. (1.25b)

$$d = \frac{1}{R} \cdot \sqrt{\frac{L}{C}} \tag{1.25b}$$

Die Bandbreite B nach Gl. (1.32) des Parallelschwingkreises wird durch die zwei Frequenzen f_+ und f_- oberhalb und unterhalb der

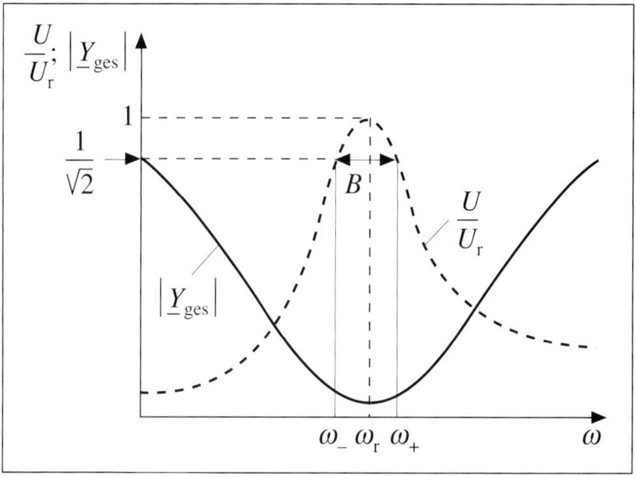

Bild 1.10 Qualitativer Verlauf von Admittanz und relativer Spannung eines Parallelschwingkreises mit Angaben der Kreisfrequenz

Resonanzfrequenz f_{res} definiert, bei denen der Betrag der Admittanz $|\underline{Y}|$ auf den √2-fachen Wert bezogen auf den Wert der Admittanz bei Resonanzfrequenz angestiegen ist, siehe auch Bild 1.6c und Bild 1.10, die Impedanz somit auf den √2-fachen Wert abgefallen ist.

$$B = f_+ - f_- = \frac{1}{R \cdot 2\pi \cdot C} \tag{1.32}$$

Der Strom durch die einzelnen Komponenten des Parallelschwingkreises steigt mit Annäherung an die Resonanzfrequenz an. Die Ströme berechnen sich nach Gln. (1.33)

$$\underline{I}_L = \frac{1}{j\omega \cdot L \cdot \underline{Y}} \cdot \underline{I}_{ges} \tag{1.33a}$$

$$\underline{I}_C = \frac{j\omega \cdot C}{\underline{Y}} \cdot \underline{I}_{ges} \tag{1.33b}$$

Durch Umformen und Bezug auf den Gesamtstrom $\underline{I}_{ges}$ erhält man für die Ströme durch die Induktivität und den Kondensator Gln. (1.34)

$$\frac{I_C}{I_{ges}} = \frac{f/f_{res}}{\sqrt{d^2 + \left(f/f_{res} - f_{res}/f\right)^2}} \tag{1.34a}$$

$$\frac{I_L}{I_{ges}} = \frac{f_{res}/f}{\sqrt{d^2 + \left(f/f_{res} - f_{res}/f\right)^2}} \tag{1.34b}$$

Der Betrag des Stromes I_L durch die Induktivität bzw. I_C durch den Kondensator wird in Abhängigkeit von der Güte des Schwingkreises in der Nähe der Resonanzfrequenz u.U. wesentlich größer als der Betrag des Gesamtstromes I_{ges}.

1.6 Resonanzen in MS- und NS-Netzen

Resonanzen treten, bedingt durch die Parallel- und Reihenschaltungen von Induktivitäten und Kapazitäten der Betriebsmittel, in allen Spannungsebenen auf. Besondere Bedeutung haben Netzresonanzen in Mittel- und Niederspannungsnetzen. Hier werden vielfach Kondensatoranlagen zur Blindleistungskompensation eingesetzt. Die entstehende Parallelresonanz mit hoher Impedanz in der Nähe der Resonanzfrequenz kann auch bei kleinen Strömen höherer Frequenzen (Oberschwingungen und Zwischenharmonische) zu hohen Spannungen mit diesen Frequenzen führen.

Betrachtet man die Impedanzverhältnisse in Bezug auf Netzresonanzen z.B. in einem Mittelspannungs-Strahlennetz, so stellt die Parallelschaltung aus der induktiven Einspeisung (speisendes Netz und MS-Transformator und ggfls. Induktivitäten der Anschlussleitung) mit der kapazitiven Komponente, bestimmt durch die Kapazitäten der MS- Leitungen und der Kompensationsanlagen, eine Parallelresonanz an der Anschlussstelle einer Last oder Erzeugungsanlage dar.

Aus Sicht des Netzanschlusses gibt es in einem Strahlennetz nur eine Parallelresonanzstelle. An unterschiedlichen Anschlussstellen des Strahlennetzes ist die Resonanzfrequenz der Parallelresonanz wegen der sich ändernden Kurzschlussleistung unterschiedlich. In einem Ringnetz mit offener Trennstelle sind die Resonanzverhältnisse mit denen des Strahlennetzes insofern identisch, als sich ebenfalls eine einzige Parallelresonanzstelle ausbildet. Durch Verlegen der Trennstelle mittels Schalthandlungen im Netz kann sich die Resonanzfrequenz an der Anschlussstelle ändern. In vermaschten Netzen, auch in Ringnetzen mit geschlossener Trennstelle, bilden sich dagegen mehrere Parallelresonanzen mit zwischenliegenden Reihenresonanzen aus, deren Resonanzfrequenz sich durch Schalthandlungen im Netz ändern kann. Bild 1.11 zeigt die frequenzabhängige Impedanz eines Mittelspannungsnetzes (Ringnetz mit offener Trennstelle) bei Starklast- und Schwachlastbedingungen.

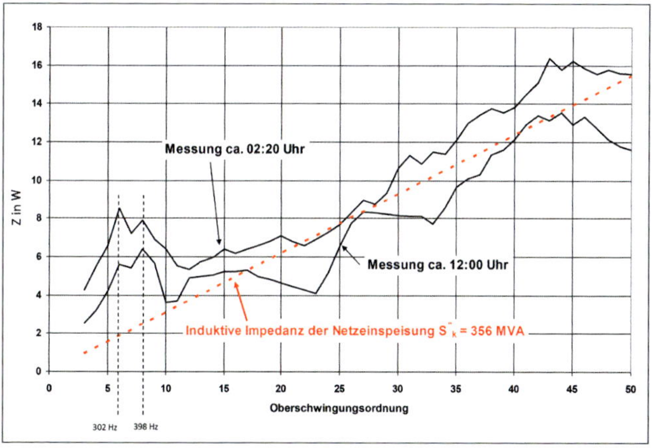

Bild 1.11 Verlauf der frequenzabhängigen Impedanz eines städtischen 10-kV-Netzes bei Stark- und Schwachlastbedingungen

1.7 Literatur

[1.1] Schlabbach, J.: Elektroenergieversorgung. 3. Auflage, VDE-Verlag, Berlin und Offenbach, 2009.

[1.2] Just, W.; Hoffmann, W.: Blindstromkompensation in der Betriebspraxis. 4. Auflage, VDE-Verlag, Berlin und Offenbach, 2003.

[1.3] Metz, D.; Naundorf, U.; Schlabbach, J.: Kleine Formelsammlung Elektrotechnik. 5. Auflage. Carl Hanser Verlag (Fachbuchverlag Leipzig); München 2009..

[1.4] Schlabbach, J.; Mombauer, W: Power Quality – Entstehung und Bewertung von Netzrückwirkungen, Netzanschluss erneuerbarer Energiequellen. VDE-Schriftenreihe 127. VDE-Verlag, Offenbach und Berlin, 2008.

2 Komponenten von Kompensationsanlagen

2.1 Allgemeines

Eine typische Blindleistungskompensation besteht aus folgenden Hauptkomponenten:

1. Kondensator
2. Entladevorrichtung
3. Seriendrossel (entfällt unter Umständen)
4. Schaltgerät

2.2 Kondensatoren

Ein Kondensator besteht aus zwei elektrisch leitenden Belägen und dem Dielektrikum. Das Dielektrikum wiederum setzt sich zusammen aus einer oder mehreren Lagen Papier oder Kunststofffolie und dem Tränkmittel. Kondensatoren werden heutzutage entweder in Trockentechnik (Gießharz) oder mit einer geringen Ölfüllung (pflanzliches Öl) hergestellt. Des Weiteren gibt es Kondensatoren mit Gasfüllung. Statt des früher üblichen metallisierten Papiers wird heute metallisierte Kunststofffolie eingesetzt (z. B. „All-Film").

Hinweis: Bis ca. 1978 wurden Leistungskondensatoren und Kondensatoren für Entladungslampen von vielen Herstellern mit einem PCB-haltigen Imprägniermittel hergestellt. PCB-haltige Kondensatoren dürfen nicht mehr betrieben werden (lt. PCB-Verbotsverordnung aus dem Jahr 1989) und müssen gezielt als „besonders überwachungsbedürftiger Abfall („Sonderabfall") entsorgt werden! (Siehe Kapitel 3.4.1.)

In den Herstellerunterlagen findet man hinsichtlich der Bauart häufig die Kondensatorbezeichnungen MKP, MKK oder MFV. Die Bauartbezeichnung MKP bedeutet: Metallisierte Kunststofffolie-Polypropylen, MKK heißt: Metallisierter Kunststofffolien-Kondensator und MFV steht für Metallisierter Film Verlustarm. Diese Bauarten sind selbstheilend. Wird der Kondensator durch zu hohe Spannungen belastet, kann im Dielektrikum ein Durchschlag auftreten. Der entstehende Lichtbogen brennt den Belag um die schadhafte Stelle weg und wird durch einen schnell ansteigenden Druck „gelöscht". Die Fehlerstelle wird soweit isoliert, dass der Kondensator voll betriebsfähig bleibt. Der Selbstheilungsvorgang dauert nur wenige Mikrosekunden und die „verlorene" Kapazität ist kaum messbar.

Durch eine sehr hohe spannungsmäßige Überlastung oder am Ende der Kondensator-Lebensdauer kann es bei Nichttrockenkondensatoren vorkommen, dass die Selbstheilungsvorgänge auf einer größeren Fläche stattfinden. Dies ruft eine starke lokale Temperaturerhöhung am Kondensatorwickel hervor, wobei sich ein beträchtlicher Überdruck entwickelt. Im Bereich einer Ausdehnungssicke wird der Deckel des Kondensators angehoben und eine Überdruck-Abreißsicherung unterbricht die Stromzufuhr. Der schadhafte Kondensator wird dadurch spannungsfrei abgeschaltet.

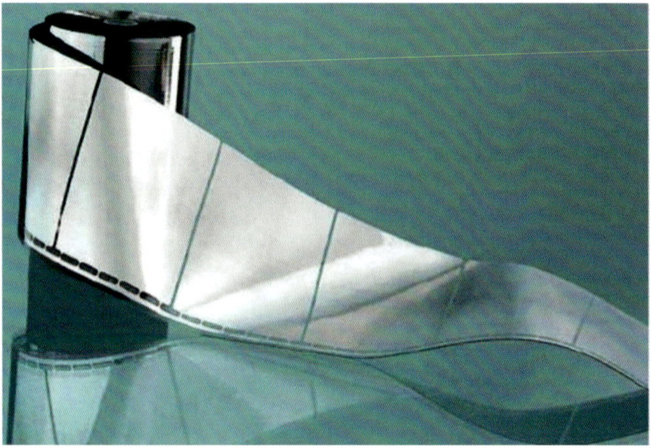

Bild 2.1: Segmentierter Film als mehrfache Betriebssicherheit bei einem selbstheilenden Leistungskondensator (Quelle: FRAKO Kondensatoren- und Anlagenbau GmbH)

Eine andere neue Kondensatortechnologie ist die des segmentierten Films (Bild 2.1), d.h. die gesamte metallisierte Fläche des Kondensatorbelags ist in eine Vielzahl von Einzelflächen aufgeteilt, die über Sicherungsstege mit dem elektrischen Anschluss des Kondensatorwickels verbunden sind [2.2].

Trockenkondensatoren sind mit einem festen Gießharz vergossen. Aus diesem Grund entsteht in ihm bei Überlastung kein Überdruck, der eine Abreißsicherung auslösen würde. Bei Kondensatoren nach dem IPE-Schutzkonzept (Internally Protected Element) besteht jedes einphasige Wickelpaket aus einem selbstheilenden Hauptkondensator und einem nichtselbstheilenden Hilfskondensator. Eine sehr starke Erwärmung im Hauptkondensator führt zu einem Durchschlag im Hilfskondensator. Da dieser nicht selbstheilend ist, bedeutet dies einen Kurzschluss, der zu einem Durchschmelzen der Wickelsicherung führt und somit das Element vom Netz trennt (Bild 2.2) [2.3].

Dreiphasige Kondensatoreinheiten bestehen im einfachsten Fall aus drei miteinander verschalteten Wickeln. Bei den marktüblichen Aluminium-Becherkondensatoren gibt es zwei prinzipielle Bauformen. Zum einen können drei einphasige Wi-

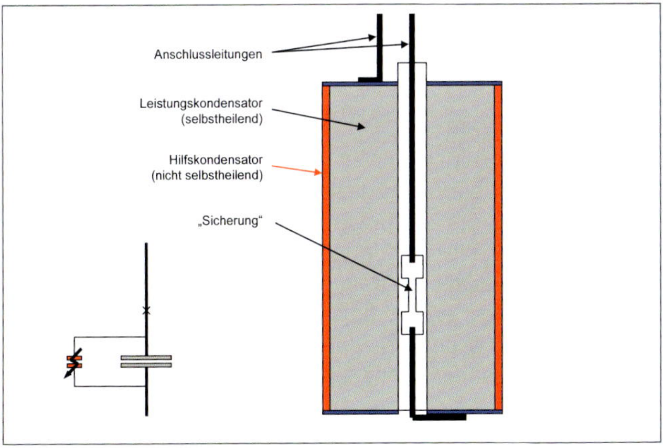

Bild 2.2: IPE –Schutzkonzept

ckel übereinander gestapelt werden (Bild 2.3a), zum anderen können die drei Phasenwickel konzentrisch angeordnet sein (Bild 2.3b). Eine weitere marktübliche Bauform von Niederspannungskondensatoren ist so ausgeführt, dass mehrere Wickel in ein quaderförmiges Stahlblechgehäuse eingebaut sind (Bild 2.3c).

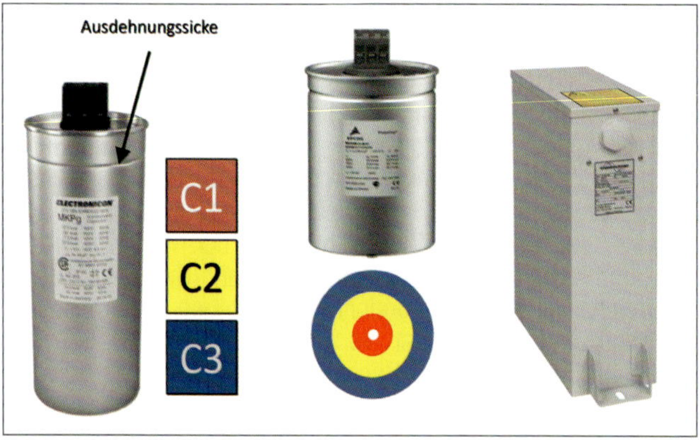

Bild 2.3a:
3 Einphasenwickel gestapelt (Quelle: Electronicon Kondensatoren GmbH)

Bild 2.3b:
3 konzentrische Wickel (Quelle: Epcos AG)

Bild 2.3c:
Stahlblechgehäuse mit vielen Einphasenwickeln (Quelle: Condensator Dominit GmbH)

Grundlage und Maßstab für Niederspannungs-Leistungskondensatoren sind die Normen DIN EN 60831-1, -2 [2.4] und für Mittelspannungskondensatoren die Normen der Reihe IEC 60871 [2.5]. Die Einhaltung der Normen sagt aber noch nichts aus über die dauernde Qualität der Kondensatoren eines Herstellers. Die Produktqualität ist jedoch die Voraussetzung für eine lange Lebensdauer zum optimalen Nutzen für den Anwender. Die gilt besonders wegen der permanenten Belastung unter Nennbedingungen und stetig steigender zusätzlicher Belastung durch Oberschwingungen aus Netzrückwirkungen nichtlinearer „Verbraucher“.

Strombelastbarkeit

In oberschwingungsbelasteten Netzen muss eine hohe Effektivstrombelastung berücksichtigt werden. Deshalb ist eine hohe Strombelastbarkeit noch wichtiger als die Spannungsbelastbarkeit. In Niederspannungsnetzen werden vielfach Leistungskondensatoren mit einer Bemessungsspannung von mehr als 400 Volt eingesetzt. Deren zulässige Strombelastbarkeit beträgt bis über das Doppelte des Nennstroms dauernd und bis zum 300-fachen dieses Nennstroms (bei einigen Herstellern sogar noch mehr) bei kurzzeitigen Stromspitzen.

Spannungsbelastbarkeit

Leistungskondensatoren müssen nach DIN EN 60831 wie folgt ausgelegt sein:

Bemessungsspannung	**400 V**	**480 V**	**525 V**	**690 V**
8 h täglich	440 V	528 V	578 V	759 V
30 min täglich	460 V	552 V	604 V	793 V
5 min (200 mal / Lebensdauer)	480 V	576 V	630 V	828 V

Lebensdauer

Damit sich der Einsatz einer Kompensationsanlage für den Anwender rechnet, wird für den Aufbau der Leistungskondensatoren bei den Kondensatorherstellern qualitativ hochwertiges Material verwendet. Die Hersteller geben als statistische Lebenserwartungen 100.000 bis 170.000 Betriebsstunden bei Normalbetrieb je nach Kondensatortypenreihe an. Überspannungen, Übertemperaturen und Oberschwingungen verkürzen die zu erwartende Lebensdauer.

Verlustfaktor tan δ

Der Verlustfaktor tan δ ist ein Maßstab für die Güte des Kondensators, insbesondere für die Größe der dielektrischen Verluste.

Er errechnet sich nach Gleichung 2.1:

$$\tan\delta = \frac{P_V}{Q_r} \tag{2.1}$$

P_V Verlustleistung in W
Q_r Bemessungsblindleistung des Kondensators in var

Die Verlustleistungen von guten Leistungskondensatoren liegen bei < 0,25 W / kvar (dielektrische Verluste des Wickels) bzw. bei < 0,5 W / kvar bei Kondensatoren mit eingebauten Entladewiderständen.

Umgebungsbedingungen
Die zulässigen Umgebungstemperaturen werden durch Angabe der Temperaturklasse spezifiziert z. B. T-40/D. Dabei gibt die erste Zahl die zulässige Mindesttemperatur an, Vorzugswerte gemäß Norm sind +5°C, -5°C, -25°C, -40°C und -50°C, der Buchstabe steht für die zulässigen Maximaltemperaturen:

Symbol	Maximal zulässige Temperatur in °C		
	Spitzenwert	24 Std.-Mittelwert	Jahresmittelwert
A	40	30	20
B	45	35	25
C	50	40	30
D	55	45	35

Auch bei Einhaltung der zulässigen Temperaturen sollte man berücksichtigen, daß die Lebensdauer von Kondensatoren von der Umgebungstemperatur abhängt (siehe auch Kapitel 3.2.4.1).

Darüber hinaus spezifiziert die Norm eine Standard-Aufstellhöhe von max. 2000 m über Normallnull.

Abweichungen von den Standardbedingungen sind zwischen Anwender und Lieferant besonders zu vereinbaren.

Bei Lieferung der Kondensatoren sind die auf den Leistungsschildern angegebenen Nenndaten mit der vorgesehenen Anwendung auf Übereinstimmung zu überprüfen. Bei der

Aufstellung ist zu beachten, dass diese Daten jederzeit abgelesen werden können.

Nach DIN EN 60831-1 müssen folgende Daten dauerhaft entweder direkt oder mittels Schildes auf jeder Kondensatoreinheit aufgebracht sein:

1. Herstellername
2. Identifikationsnummer und Baujahr
3. Bemessungsblindleistung Q_r in kvar
4. Bemessungsspannung U_n in V oder kV
5. Bemessungsfrequenz in Hz
6. Temperaturklasse
7. Hinweis auf das Selbstheilzeichen „SH“ oder Selbstheilung
8. Angabe zur Entladeeinrichtung (falls eingebaut)
9. Für alle Leistungskondensatoren, außer Einphaseneinheiten, die nur aus einer Kapazität bestehen, muss die Innenschaltung angegeben werden (Schaltzeichen).
10. Angabe über eingebaute Sicherungen (falls vorhanden)
11. Hinweis auf Überdruck- oder Thermoschalter (falls vorhanden)
12. Isolationspegel U_i in kV
13. Hinweis auf IEC 60831 (mit dem Jahr der Ausgabe)

Die Aufschriften einer Kondensatorbatterie soll folgende Mindestinformation beinhalten:

1. Herstellername
2. Bemessungsleistung
3. Bemessungsspannung
4. Schaltzeichen
5. Erforderliche Mindestzeit bis zur Wiedereinschaltung der Kondensatorbatterie
6. Gewicht

Für den Betrieb der Leistungskondensatoren in Elektroenergienetzen sind folgende Faktoren wichtig:

- hohe Belastbarkeit
- hohe Lebenserwartung und
- hohe Sicherheit bei Überlastung

2.3 Entladeeinrichtungen

Kondensatoren behalten nach Abschalten der angelegten Spannung Restladung zurück, deren Höhe von dem Augenblickswert der Wechselspannung im Moment des Abschaltens abhängt. Diese Restladung kann insbesondere dann, wenn das Abschalten im Maximum der Spannungskurve erfolgt, so groß sein, dass Personen beim Berühren eines abgeschalteten Kondensators einen gefährlichen elektrischen Schlag erhalten.

Auszug entsprechend DIN EN 60 831: *„Jede Kondensatoreinheit oder Batterie muss mit Hilfsmitteln ausgerüstet sein, die jede Einheit innerhalb von 3 Minuten vom ursprünglichen Scheitelwert vom √2-fachen der Bemessungsspannung U_r auf 75 V oder weniger entladen".*

Zur Verhütung von Unfällen und von erhöhten Ausgleichsströmen beim Wiedereinschalten muss deshalb der Kondensator sofort und betriebssicher auf eine ungefährliche Spannung mittels Entladevorrichtung entladen werden. Zwischen Kondensator und Entladevorrichtung dürfen weder Schalter, Sicherungen, noch andere Trenneinrichtungen vorhanden sein. Kondensatoren für Regelanlagen werden im Allgemeinen mit einer Entladevorrichtung versehen, die eine Entladung auf 10% der Nennspannung innerhalb von 40 s gewährleistet. Vor dem Berühren sind die Kondensatoranschlüsse kurzzuschließen und mit dem Gehäuse zu verbinden.

Falls der Kondensator sich über ein direkt angeschlossenes Verbrauchsmittel (z. B. Motorwicklung oder Transformatorwicklung) in der vorgeschriebenen Zeit entladen kann, darf die fest angeschlossene Entladevorrichtung entfallen.

Geeignete Entladevorrichtungen sind ohm'sche Widerstände oder Drosselspulen. Es ist sicherzustellen, dass der Kondensator nicht unbeabsichtigt oder zufällig von der Entladevorrichtung getrennt wird.

Wird ein Kondensator über einen parallel angeordneten Widerstand entladen, so nimmt die Klemmenspannung in Abhängigkeit von der Zeit nach Gleichung 2.2 ab, der Zeitverlauf ist in Bild 2.4 dargestellt.

$$u = \hat{u} \cdot e^{-\frac{t}{R \cdot C}} \qquad (2.2)$$

u Klemmenspannung zur Zeit t
$\hat{u}$ Kondensatorspannung zum Zeitpunkt der Abschaltung
R Entladewiderstand
C Kapazität des Kondensators
e Loschmidt'sche Zahl
(Basiszahl des natürlichen Logarithmus)

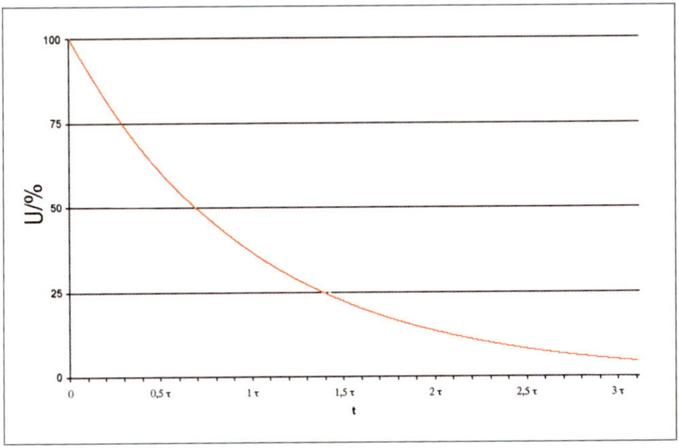

Bild 2.4: Spannung an einem Kondensator bei Entladung durch einen Parallelwiderstand

Für dreiphasige Systeme kann man Gleichung 2.2 durch Einsetzen von typischen Netzspannungen so umstellen, dass man für typische Schaltungen der Entladewiderstände den zulässigen Maximalwert für den Widerstand aus dem Kapazitätswert

a) $T = R \cdot C$

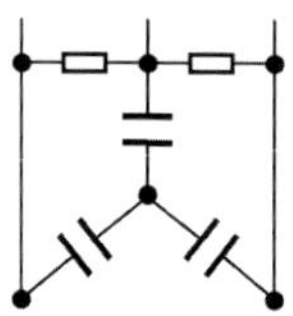

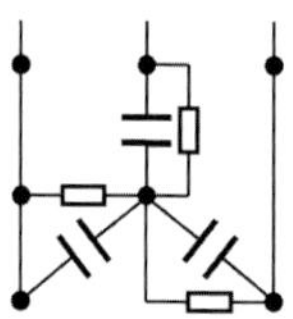

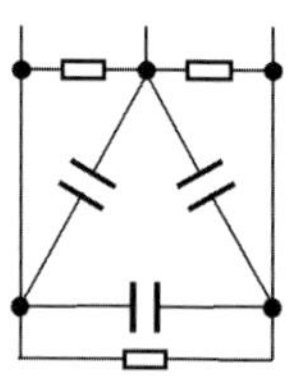

$$R \leq \frac{60\ \text{s}}{C \cdot \ln \frac{\sqrt{2} \cdot U}{50\ \text{V}}}$$

230 V	400 V	525 V	690 V
$R \leq \frac{32{,}0}{C}$	$R \leq \frac{24{,}7}{C}$	$R \leq \frac{22{,}2}{C}$	$R \leq \frac{20{,}2}{C}$

b) $T = 1/3 \cdot R \cdot C$

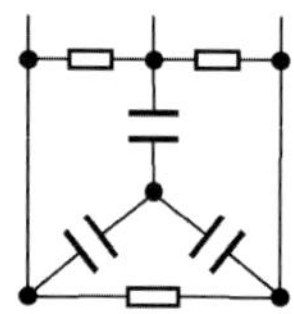

$$R \leq \frac{3 \cdot 60\ \text{s}}{C \cdot \ln \frac{\sqrt{2} \cdot U}{50\ \text{V}}}$$

230 V	400 V	525 V	690 V
$R \leq \frac{96{,}1}{C}$	$R \leq \frac{74{,}2}{C}$	$R \leq \frac{66{,}7}{C}$	$R \leq \frac{60{,}6}{C}$

a) $T = 3 \cdot R \cdot C$

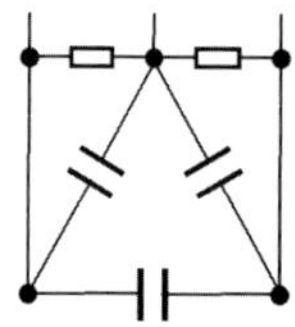

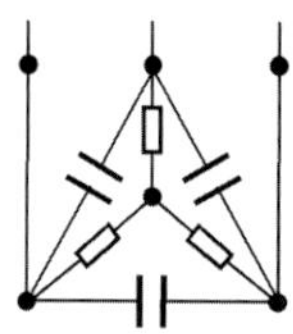

$$R \leq \frac{60\ \text{s}}{3 \cdot C \cdot \ln \frac{\sqrt{2} \cdot U}{50\ \text{V}}}$$

230 V	400 V	525 V	690 V
$R \leq \frac{10{,}7}{C}$	$R \leq \frac{8{,}24}{C}$	$R \leq \frac{7{,}41}{C}$	$R \leq \frac{6{,}73}{C}$

Die Kapazität C ist in F einzusetzen, man erhält den Widerstand R in Ω.

Bild 2.5 Entladewiderstandsberechnung für typische Schaltungen für eine Restspannung von 50 V innerhalb von 60 s

berechnen kann. In Bild 2.5 sind die entsprechenden Formeln für die Entladung auf 50 V innerhalb von 60 Sekunden dargestellt.

Entladedrosseln verwendet man, wenn in Regelanlagen schnell entladen werden soll und kein Schütz mit Hilfskontakten zum Anschluss niederohmiger Zusatz-Entladewiderstände zur Verfügung steht. Sie können fest am Kondensator angeschlossen bleiben. Da der Wechselstromwiderstand mit steigender Netzfrequenz ansteigt, sind sie für den Einbau in Mittelfrequenzanlagen besonders geeignet. Aufgrund Ihrer hohen Wechselstromimpedanz verringern Entladedrosseln gleichzeitig die Wärmeverluste der Kompensationsanlage. Ausserdem wird eine Erwärmung der Kondensatoranschlüsse vermieden, die beim Einsatz von Entladewiderständen aufgrund von deren deutlich höheren Verlustleistungen unweigerlich auftritt.

2.4 Drosseln

In den heutigen Energieversorgungsnetzen gibt es einen steigenden Anteil nichtlinearer Lasten, die im Netz Oberschwingungen verursachen. Da Kondensatoren eine mit steigender Frequenz fallende Impedanz aufweisen ergibt sich durch diese im Netz vorhandenen Oberschwingungen eine zum Teil erhebliche zusätzliche Strombelastung.

Darüber hinaus bildet ein Kondensator zusammen mit dem einspeisenden Transformator einen Parallelschwingkreis. Dieser bewirkt eine Resonanzverstärkung für etwaige Störgrößen, die an der gleichen Niederspannungsversorgung auftreten, an der der Kondensator angeschlossen ist (siehe auch Kapitel 1.5).

Zur Vermeidung derartiger Resonanzen und zum Schutz des Kondensators vor Oberschwingungen werden Leistungskondensatoren „verdrosselt“. Verdrosseln bedeutet, daß der Kondensator über eine in Serie geschaltete Induktivität (= Drossel) an das Netz angeschlossen wird. Diese Reihenschaltung bildet einen Serienschwingkreis oder Filterkreis, daher werden die Drosseln für diesen Einsatz auch als Filterkreisdrosseln bezeichnet. Für eine Drossel gilt Gleichung 2.3:

$$u_L = L \cdot \frac{di_L}{dt} \qquad (2.3)$$

u_L Spannung an der Drossel
L Drosselinduktivität
i_L Strom durch die Drossel

Die Reihenschaltung hat bei einer von den Bauteilkennwerten abhängigen Frequenz ein Impedanzminimum, diese Frequenz wird Serienresonanzfrequenz oder Abstimmfrequenz genannt. Diese Frequenz läßt sich (unter Vernachlässigung der ohmschen Anteile) mit Gleichung 2.4 berechnen.

$$Z_L + Z_C = 0 \quad => \quad \omega L - \frac{1}{\omega C} = 0 \quad =>$$

$$\omega = \frac{1}{\sqrt{LC}} \quad \text{bzw.} \quad f = \frac{1}{2\pi\sqrt{LC}} \qquad (2.4)$$

Z_L Impedanz der Drossel
Z_C Impedanz des Kondensators
ω Kreisfrequenz
f Frequenz

Im Bereich der Blindleistungskompensation ist es eher üblich an Stelle der Abstimmfrequenz den Verdrosselungsgrad anzugeben. Der Verdrosselungsgrad ist gemäß Gleichung 2.5 definiert und kann gemäß Gleichung 2.6 in die Abstimmfrequenz umgerechnet werden.

$$p = \frac{Z_L}{Z_C} \quad (2.5) \qquad\qquad f_R = \frac{10 \cdot f_0}{\sqrt{p}} \quad (2.6)$$

P Verdrosselungsgrad [in %]
Z_L Impedanz der Drossel (bei f_0)
Z_C Impedanz des Kondensators (bei f_0)
f_R Abstimmfrequenz
f_0 Grundschwingungsfrequenz des Netzes

Ein weiterer Grund für die Verdrosselung kann durch das Versorgungsnetz gegeben sein. Einige Netzbetreiber setzen „Tonfrequenz-Rundsteueranlagen“ an. Hier wird in das Übertragungsnetz zusätzlich zu der mit der Grundschwingung eingespeisten Leistung ein Signal höherer Frequenz eingespeist, mit dem Nachrichten übertragen werden, z. B. zum Schalten von Straßenbeleuchtungen oder zur Tarifumschaltung. Gemäß der VDEW-Richtlinie über Tonfrequenz-Rundsteuerung [2.6] sind die Mindest-Verdrosselungsgrade:

Rundsteuerfrequenz	Mindest-Verdrosselungsgrad
≥ 350 Hz	5%
≥ 250 Hz	7%
≥ 190 Hz	12,5%
< 190 Hz	Sondermaßnahmen

Ein wichtiger Aspekt den man bei der Verdrosselung nicht außer Acht lassen darf ergibt sich aus dem Verhalten der Bauteile. Bei einem Kondensator gibt es eine Phasenverschiebung zwischen Strom und Spannung, der Strom ist um 90° voreilend. Bei einer Drossel ist dagegen die Spannung um 90° voreilend. Da Drossel und Kondensator in Reihe geschaltet sind fließt durch beide der gleiche Strom, mithin ist die Spannung über der Drossel um 90° gegenüber dem Strom voreilend und die Kondensatorspannung um 90° nacheilend. Es ergibt sich also eine Verschiebung von 180° zwischen diesen beiden Spannungen. Gegenüber der Netzspannung ergibt sich also am Kondensator eine höhere Spannung, die bei bekannter Verdrosselung mit Gleichung 2.7 berechnet werden kann.

$$U_C = U_N \cdot \frac{1}{1-p} \tag{2.7}$$

In der Praxis werden Filterkreisdrosseln für die Niederspannungs-Drehstromnetze im allgemeinen dreiphasig mit Eisenkern mit Luftspalten ausgeführt, ein Beispiel ist in Bild 2.6 dargestellt.

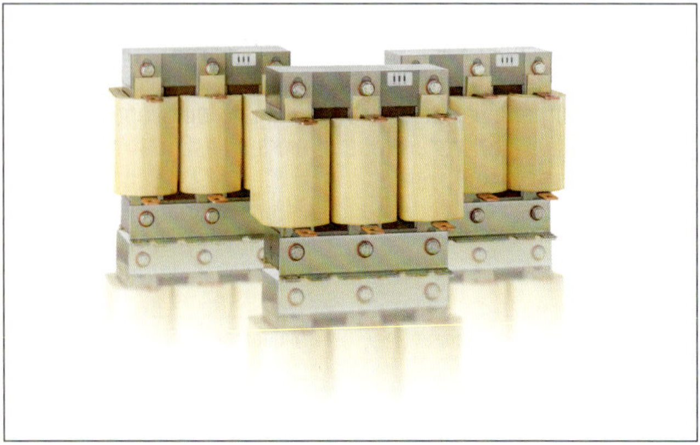

Bild 2.6: Niederspannungs-Filterkreisdrosseln
(Quelle: Hans von Mangoldt GmbH & Co. KG)

Bei höheren Spannungen werden die Drosseln sehr groß und schwer, daher werden hier meistens einphasigen Einheiten eingesetzt. Im Bereich der Mittel- und Hochspannung werden die Drosseln häufig als Luftdrosseln ausgeführt. Diese haben zwar einen größeren Platzbedarf, aber es ist technisch wesentlich einfacher, sie für Außenaufstellung auszuführen.

2.5 Schalten von Kondensatoren

2.5.1 Allgemeines

Eine Blindleistungs-Regelanlage wird in Netzen mit ständig schwankendem Blindleistungsbedarf eingesetzt. Die Kondensatorleistung ist auf mehrere Schaltstufen aufgeteilt und wird durch einen automatischen Blindleistungsregler über Schaltschütze oder elektronische Schalter den Lastverhältnissen angepasst.

Konventionelle Kompensationsanlagen schalten die Kondensator-Baugruppen mit Schützen. Schaltschütze unterliegen beim Schalten kapazitiver Lasten hohen Beanspruchungen. Beim Schalten mit mechanischen Schaltgeräten ist es unmöglich, in allen drei Phasen genau im Spannungs-Nulldurchgang einzuschalten, es ergibt sich also ein Einschwingvorgang mit einem hohen Einschaltstrom-Spitzenwert (Bild 2.7). Aus diesem Grund wird in der DIN EN 60831-1 darauf hingewiesen, dass schützgeschaltete Kondensatoren nicht häufiger als 5000 Mal im Jahr geschaltet werden sollten.

Der gleiche Effekt tritt mit verstärkter Wirkung auf, wenn ein Kondensator noch nicht ganz entladen ist und bereits wieder eingeschaltet wird. Es ist dann möglich, dass hier Phasenopposition auftritt und somit der Einschaltpeak noch größer ist, als beim ungeladenen Kondensator.. Das wäre z. B. bei automatisch geregelten Kondensatoren mit üblichen Entladewiderständen der Fall, wenn der Regler das Einhalten der notwendigen Entladezeit nicht garantiert. Hier gilt der Hinweis, dass geschaltete Entladewiderstände heute nicht mehr häufig verwendet werden, da die Hilfskontakte oft für Einschaltstrombegrenzungs-Widerstände benutzt werden. In der Regel kommen heute Leistungsschütze mit Spezialkontakten zum Einsatz, die den hohen Einschaltströmen der Kondensatoren auch über eine große An-

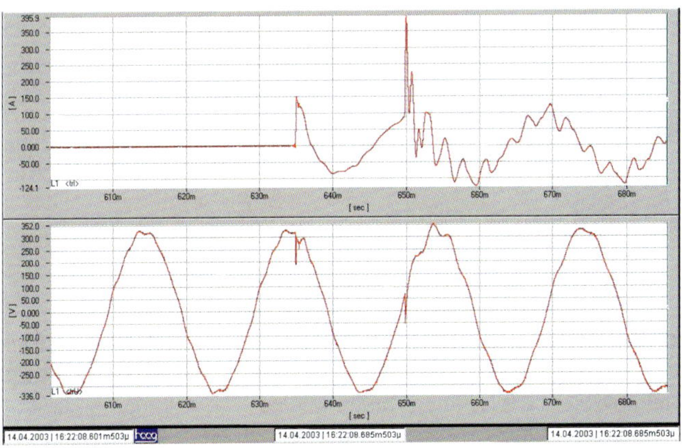

Bild 2.7: Spannungs- und Stromverlauf beim Einschalten eines Kondensators

zahl Schaltungen aushalten, ohne einem abnormalen hohen Kontaktverschleiß zu unterliegen.

Bei verschlissenen Schützen kann es zum „Prellen“ kommen, was bedeutet, das beim Schaltvorgang der Stromfluss mehrfach unterbrochen wird. Dies ist gleichbedeutend mit einem mehrfachen kurz hintereinander folgenden Einschalten eines geladenen Kondensators, was erhebliche Stromspitzen mit sich bringt. Ein rechtzeitiges Wechseln der Schaltschütze kann also die Lebenserwartung der Kompensationsanlage erheblich verlängern. Zur vorbeugenden Wartung kann der Betreiber die Anzahl der bisher aufgelaufenen Schaltspiele jeder einzelnen Stufe in der Anzeige von modernen Blindleistungsreglern abrufen.

Bei einer Kompensationsanlage mit mehreren Stufen wird der Ladestrom der Kondensatoren nicht mehr nur über den impedanzbehafteten Weg aus dem Netz, sondern auch impedanzarm von den benachbarten, bereits geladenen Kondensatoren gespeist. Die Einschaltstrom-Amplituden, die beim Parallelschalten von Kondensatoren auftreten, können den 200-fachen Wert des Bemessungsstroms annehmen. Damit ist das Einschaltvermögen normaler Standardschütze überschritten, da durch das Kontaktprellen Lichtbögen entstehen, welche die Oberfläche der Schaltstücke u. U. stark so erwärmen, dass die Schaltkontakte verschweißen. Ein weiterer Grund für die hohen Spitzenströme ist die Verwendung verlustarmer Kondensatoren sowie der kompakte Aufbau mit kurzen Verbindungselementen zwischen Schütz und Kondensator.

2.5.2 Kondensatorschütze

Bei der Einzelkompensation können normale Motorschütze verwendet werden. Bei diesem Anwendungsfall ist das Schütz im Unterverteiler angeordnet. Hier liegt der Einschaltspitzenstrom in der Regel $< 30 \cdot I_r$ des Kondensators. Weitere Auskünfte hierzu geben die Schaltgerätehersteller.

Bei der Auswahl von Schaltgeräten in zentralkompensierten Anlagen werden bei normalen Betriebsbedingungen (kein schnell schwankender Blindleistungsbedarf) Kondensatorschütze verwendet. Aufgrund des verwendeten speziellen Kontaktmaterials beherrschen sie hohe Einschaltstromspitzen. Des Weiteren besteht die Möglichkeit die Einschaltstromspitzen zu dämpfen, indem zunächst über voreilende Schaltglieder und Widerstände die Kondensatoren vorgeladen werden und dann die Hauptschaltglieder eingeschaltet werden (Bild 2.8). Im Dauerbetrieb liegen die Ladewiderstände parallel zu den Hauptstrombahnen des Schützes deren Impedanz im Vergleich wesentlich geringer ist, somit ist der Hilfskontaktzweig stromlos.

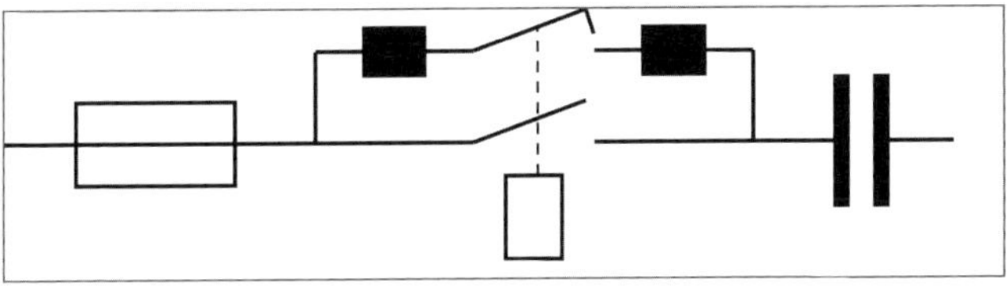

Bild 2.8: Prinzipschaltbild eines Kondensatorschützes mit voreilend geschalteten Ladewiderständen

Stehen keine Kondensatorschütze zur Verfügung, können die Einschaltströme durch Zusatzinduktivitäten gedämpft werden (zwischen Schütz und Kondensator wird eine Zusatzinduktivität > 5 µH eingebaut). Bei der Auswahl der Schaltgeräte ist auch auf die Überlastungsmöglichkeit durch Oberschwingungen zu achten. Entsprechend DIN EN 60831-1 müssen die Schaltgeräte für Leistungskondensatoren auf das 1,5-fache des Kondensatornennstroms bemessen sein. Die Einschaltstromspitze bei verdrosselten Kondensatoren ist allerdings gedämpft.

2.5.3 Schalten von kompensierten Entladungslampen

Bei der Projektierung der Stromkreisbelastung von Entladungslampen ist u. a. zu beachten, dass die höchsten Beanspruchungen des „Lichtschalters“ bei kompensierten Vorschaltgeräten mit parallel zum Netz geschalteten Kondensatoren auftreten. Werden hier normale „Lichtschalter“ mit einem Nennstrom von 10 A verwendet, so sind die in Tabelle 2.1 angegebenen Belastungen nicht zu überschreiten. Die Schaltgerätehersteller geben Auskünfte über die Belastung der zu installierenden Schaltgeräte.

Tabelle 2.1: Richtwerte der maximal zulässigen Leuchtstofflampen (Einphasenschaltung) bei der Verwendung von Installationsschaltern mit Nennstrom 10 A.

Betriebsspannung 230 V / 50 Hz Vorschaltgerät	**Anzahl der anschließbaren Leuchtstofflampen mit Leistung je Lampe**				
	20 W	40 W	65 W	115 W	140 W
Kompensiert (cos $\varphi 1 \approx 1$) (Parallelkompensation)	45	34	23	12	13
Duo-Schaltung	78	38	29	17	14

2.5.4 Thyristorgeschaltete Kompensation

Wenn die Lastdynamik eine über Leistungsschütze geschaltete gestufte Kompensation nicht zulässt, werden diese durch eine Kombination von Thyristoren und Dioden ersetzt. Zusammen mit einer schnellen Messwerterfassung und Regelung sind dann Schalthandlungen im Bereich weniger Netzperioden möglich. Der große Vorteil dieses kontaktlosen Schaltens ist die Vermeidung von Einschaltstrombelastungen, wie sie bei der konventionellen Kompensation auftritt [2.7].

Der in Bild 2.9 abgebildete Thyristorschalter erhält ein Freigabesignal von der übergeordneten Steuerung und vergleicht dabei die Netzspannung mit der Spannung am angeschlossenen Kondensator. Sobald die gemessene Spannungsdifferenz einen bestimmten Wert unterschreitet, wird der Kondensator automatisch zugeschaltet. Dieses Verfahren reduziert den Einschaltstrom deutlich. Gleichzeitig ist die Zuschaltung nicht von der Wartezeit für die Entladung des Kondensators abhängig. Durch die Anwendung von Thyristoren wird die Kompensation von schnellschwankenden Blindleistungsverbrauchern möglich. Ein entsprechend schnell reagierender Regler ist dafür die Voraussetzung.

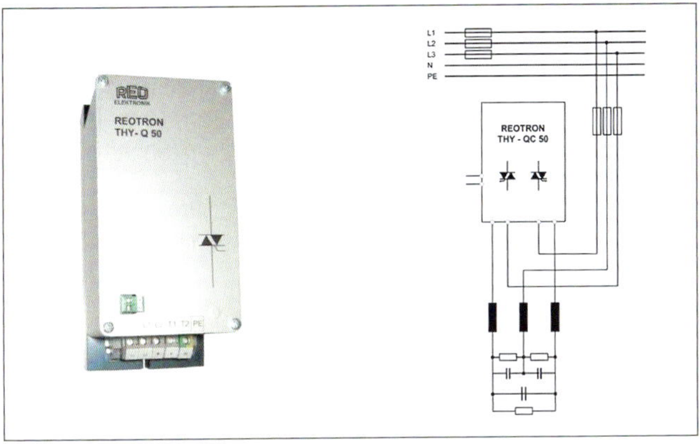

Bild 2.9: Beispiel eines Thyristorschalters als Schaltschrank-Einbaumodul (Quelle: REO Elektronik GmbH)

Die maximale Anzahl der Schaltungen von Schaltschützen ist normalerweise auf ca. 100.000 Schaltungen begrenzt. Bei einer häufig schaltenden Anlage (z. B. Schweißmaschinen) sind jedoch mindestens 10^8 Schaltungen erforderlich. Durch Thyristorschalter werden die Kondensatoren verschleißfrei (und ohne zusätzliche Wirkverluste) geschaltet, d. h eine dynamische und schnelle Regelung ist gewährleistet, was letztlich die Lebensdauer der Kompensationsanlage erhöht. Gleichzeitig werden Netzrückwirkungen in Form von (Einschalt-)Transienten vermieden. Der Thyristorschalter ist auch für verdrosselte Kondensatoren geeignet (Bild 2.7). Auf weitere Schaltungsmöglichkeiten, wie z. B. bei großen Kondensatorbatterien und Dauereinschaltung mit Leistungsschalter soll hier nicht eingegangen werden.

Dem Nachteil der höheren Kosten von Thyristorschaltern stehen viele Vorteile gegenüber:

- Stabilisierung der Netzspannung
- Verbesserung der Spannungsqualität
- Schnelle Reaktion auf schnelle Lastwechsel

- Keine Überkompensation durch Abschaltverzögerung
- Transientenfreies Einschalten ohne Einschaltstromspitze
- Erhöhung der verfügbaren Leistung und damit verbesserte Netzausnutzung
- Verringerung der Übertragungsverluste
- Erhöhung der Produktivität
- Verbesserung der Produktqualität und der Prozessstabilität
- Keine beweglichen Teile und keine Lichtbögen also kein Verschleiß
- Keine Schaltgeräusche

2.6 Mittelspannungskompensation

Leistungskondensatoren zur Verbesserung des cos φ_1 werden nicht nur in Niederspannungsnetzen eingesetzt. Sie werden auch in Mittel- und Hochspannungsanlagen und in Mittel- und Hochfrequenzanlagen installiert, sowohl für die Innenraum- als

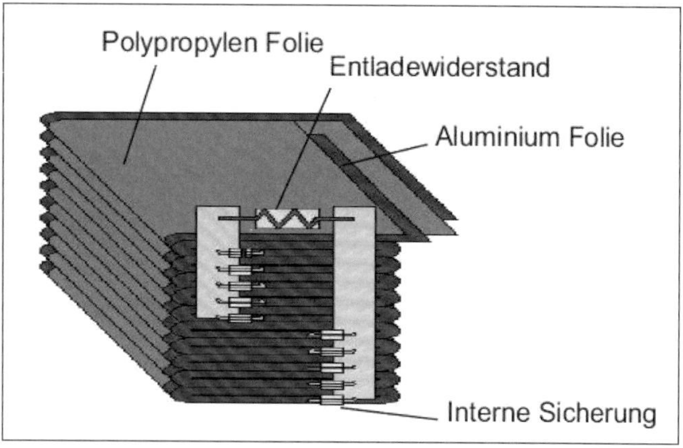

Bild 2.10: Kondensatoreinheit und prinzipieller Aufbau eines Mittelspannungskondensators mit internen Sicherungen (Quelle: FRAKO Kondensatoren- und Anlagenbau GmbH)

auch für die Freiluftaufstellung. Freiluftkondensatoren müssen zusätzlichen Forderungen hinsichtlich Witterungsbeständigkeit und Beständigkeit gegen andere Umwelteinflüsse, Temperaturfestigkeit (auch gegen Sonneneinstrahlung), elektrische Kriechstromfestigkeit und elektrische Berührungssicherheit erfüllen.

Mittelspannungskondensatoren werden seit Jahren in der Regel in Allfilm-Technologie hergestellt. Das Dielektrikum besteht aus Polypropylen- und Aluminiumfolie. Eine Vielzahl von Kondensatorelementen wird zum Erreichen der gewünschten Bemessungsspannung in Serie verschaltet und eine Vielzahl von Seriensträngen wird parallel geschaltet und zu einer Kondensatoreinheit (Wickelpaket) zusammengebaut. Allfilm-Kondensatoren zeichnen sich durch niedrige dielektrische Verluste aus. Jede Kondensatoreinheit ist mit einem Entladewiderstand fest verschaltet. Die Wickelpakete werden in ein Stahlblechgehäuse eingebaut und mit einem umweltschonenden Imprägnieröl gefüllt. Die Hersteller liefern Mittelspannungskondensatoren mit externen und internen Sicherungen [2.2]. Bild 2.10 zeigt den inneren Aufbau eines Mittelspannungskondensators.

Bei der Ausführung „Kondensator mit internen Sicherungen" (Bild 2.11) hat jedes Kondensatorelement eine eigene interne Sicherung, die bei einem Durchschlag im Element dieses abschaltet und somit vom Netz trennt. Der Kondensator kann im

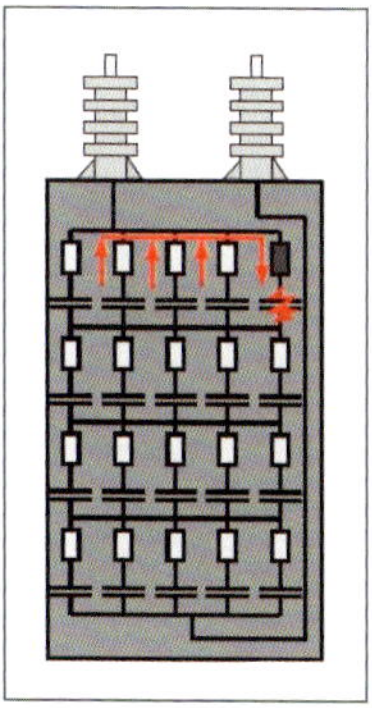

Bild 2.11: Funktionsprinzip der internen Sicherungen (Quelle: FRAKO Kondensator- und Anlagenbau GmbH

Allgemeinen beim Ausfall eines Elements noch sicher weiterbetrieben werden.

Darüber hinaus haben Mittelspannungs-Kondensatoranlagen im Allgemeinen eine so große Leistung, dass mehrere Kondensatoren je Phase parallelgeschaltet sind. Aufgrund der höheren Spannungsfestigkeit werden Mittel- und Hochspannungskondensatoranlagen im Stern geschaltet. Wenn man die Kondensatoren auf zwei im Stern geschaltete Gruppen aufteilt ergibt sich die im Bild 2.12 dargestellte Prinzipschaltung. Jedes dargestellte Kondensatorsymbol kann für mehrere parallel geschalteten Einheiten stehen, es müssen lediglich die Kapazitäten in den drei Phasen jedes Sterns gleichgroß sein. Die beiden Sterne dürfen jedoch aus unterschiedliche Anzahlen von Einheiten bestehen, z. B. kann man fünf parallele Einheiten in einen Stern mit 2 Einheiten je Phase und einen zweiten Stern mit 3 Einheiten je Phase aufteilen. Bei intakten Kondensatoren ergibt sich ein Sternpunktpotential von Null.

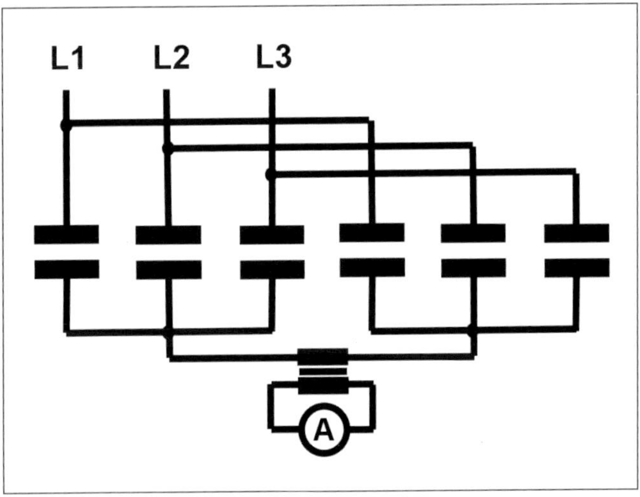

Bild 2.12: Prinzipschaltung des Unsymmetrieschutzes

Die Schutzmethode der „Doppelsternschaltung mit Unsymmetrieüberwachung" nutzt aus, daß entweder keine Spannungsdifferenz zwischen den beiden Sternpunkten besteht, oder, was die wesentlich häufiger angewendete Methode ist, dass in einer Verbindungsleitung der beiden Sternpunkte zunächst kein Strom fließt. Wenn nun in einem der Kondensatoren ein Element ausfällt sind die Impedanzen im Doppelstern unsymmetrisch und in der Ausgleichsleitung beginnt ein Strom zu fließen (bzw. es ist eine Spannungsdifferenz messbar). Mit dem Wissen über die Anzahl der parallel und in Serie geschalteten Elemente und deren Aufbau kann man berechnen, wie groß der Strom in Abhängigkeit von den ausgefallenen Elementen ist. Somit kann man eine Aussage darüber machen, ab wann Elemente überlastet werden können. Aufgrund der Messung kann bei beginnender Unsymmetrie zunächst ein Alarmsignal generiert werden und erst bei weiter fortschreitender wird die die Anlage abgeschaltet, bevor größere Schäden auftreten.

2.7 Literatur

[2.1] Hofmann, W; Just, W.: Blindstromkompensation in der Betriebspraxis, 4. Auflage 2003, VDE-Verlag

[2.2] Informationen der FRAKO Kondensatoren- und Anlagenbau GmbH

[2.3] Informationen der Condensator Dominit GmbH

[2.4] DIN EN 60831-1 (VDE 0560-46): 2014-11 und DIN EN 60831-2 (VDE 0560-47): 2014-11 „Selbstheilende Leistungs-Parallelkondensatoren für Wechselstromanlagen mit einer Nennspannung bis 1 kV"

[2.5] DIN EN 60871-1 (VDE 0560-410): 2015-04, DIN IEC/TS 60871-2 (VDE V 0560-420): 2015-10, PD IEC/TS 60871-3: 2015-07-31 und DIN EN 60871-4 (VDE 0560-440): 2015-11 „Parallelkonden-satoren für Wechselspannungs-Starkstromanlagen mit einer Bemessungsspannung über 1000 V"

[2.6] Herausgeber: VDEW: „Tonfrequenz-Rundsteuerung, Empfehlung zur Vermeidung unzulässiger Rückwirkungen“, 3. Ausgabe 1997

[2.7] Informationen der REO Elektronik GmbH

3 Anlagentechnik

3.1 Planung von Kompensationsanlagen

3.1.1 Allgemeines

Für die Planung einer Kompensation in bestehender Betriebsanlage sind folgende Informationen relevant:

- „Verbraucher"- Daten (z. B. Art, Einschaltdauer)
- Messung der Blind- und Wirkarbeit
- Tarifstruktur des EVU und Bestimmungen des Netzbetreibers
- Netzdaten (z.B. Spannung, Frequenz, Netzkurzschlussleistung an der Übergabestelle
- Leistung und Kurzschlussspannung jedes der (evtl. vorhandenen) parallel
- einspeisenden Transformatoren
- Leistung der evtl. vorhandenen Kompensationsanlage (aufgeteilt in Festkompensation und geregelter Kompensation)
- Sind vorhandene Kompensationen verdrosselt? *)
- Informationen über Vorkommnisse, die erhöhte Oberschwingungsbelastung als Ursache haben könnten

Bei der Projektierung einer Kompensation muss als erstes die Art der Kompensation bestimmt werden, die in der Betriebsanlage benötigt wird, d. h. Kenntnis der elektrischen „Verbrauchsmittel" in der Betriebsanlage ist erforderlich. Danach werden die Anlagendaten ermittelt und die Typenauswahl der Kompensation vorgenommen. Folgende Vorgehensweise wird vorgeschlagen (Tabelle 3.1):

---

*) Kompensationen unterschiedlicher Verdrosselung sollten nicht parallel an einer Sammelschiene betrieben werden. Auch bei einer Parallelschaltung von unverdrosselten mit verdrosselten Kondensatoren können Resonanzprobleme auftreten.

Tabelle 3.1: Mögliche Vorgehensweise bei der Anlagenprojektierung einer Kompensation

Art der Kompensation
• Einzelkompensation • Gruppenkompensation • Zentralkompensation
Ermittlung der Anlagendaten
• Installierte Leistung • Gleichzeitigkeitsfaktor • unkompensierter Grundschwingungs-Leistungsfaktor • Hilfsmittel: Projektierungsschema
Typenauswahl
• z. B. 7% verdrosselt (Planungsschema) • z. B. dynamisch geregelt

Eine Herausforderung bei der Projektierung ist sicherlich die Ermittlung der benötigten elektrischen Daten in der Betriebsanlage. Bild 3.1 zeigt eine Beispielprojektierungshilfe. Auch der Fachverband Starkstromkondensatoren im ZVEI hat eine Checkliste veröffentlicht [3.2], mit der die notwendigen Daten zusammengetragen werden können, um eine sichere und wirtschaftliche Kompensationslösung zu erreichen.

Welche Kompensationsart gewählt wird, ist abgesehen von evtl. Umgebungsbedingungen (z. B. hohe Temperatur, Staubbildung, Feuchtigkeit) eine Wirtschaftlichkeitsfrage und von Anlage zu Anlage verschieden. Darüber hinaus müssen Veränderungen der Netzstruktur, Vorhandensein von Oberschwingungsbelastung und Bestimmungen des Netzbetreibers mit in die Planung einbezogen werden.

Informationen über das zukünftige Betriebsverhalten einer zu errichtenden Kompensation in bestehenden Betriebsanlagen erhält man z.B. durch folgende Maßnahmen:

- Messung der Oberschwingungsbelastung (ohne Kompensation)
- Messung der Blind- und Wirkarbeit (zur gleichen Zeit mit Oberschwingungsmessung; ohne Kompensation)

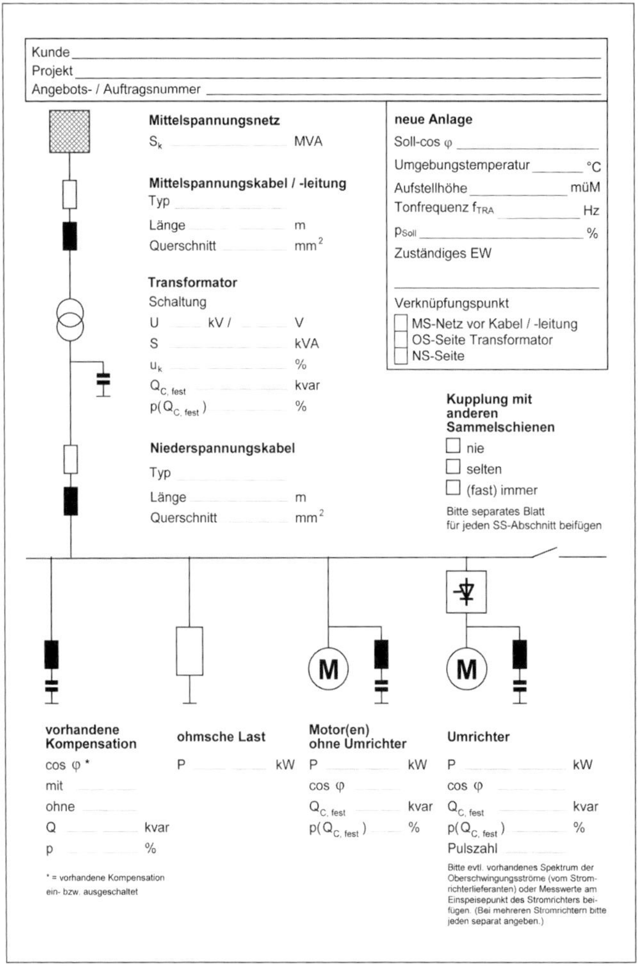

Bild 3.1: Projektierungsschema (Quelle: Condensator Dominit GmbH)

- Theoretische Betrachtung des Netzverhaltens bezüglich auftretender Resonanzen
- Aufnahme der erforderlichen Netzdaten, wie z. B. Netzkurzschlussleistung an der Übergabestelle des Netzbetreibers sowie Leistung und Kurzschlussspannung jedes der parallel einspeisenden Transformatoren
- Leistung der vorhandenen Kompensationsanlagen (aufgeteilt in Festkompensation(en) und geregelte Kompensation)
- Stromrechnung der letzten 12 Monate
- Informationen über Vorkommnisse, die erhöhte Oberschwingungsbelastung als Ursache haben könnte
- Arbeitsfrequenz(en) der evtl. im Netz vorhandenen Tonfrequenz-Rundsteueranlagen

Schon bei den ersten Vorplanungen für die Errichtung einer Kompensationsanlage sollten neben den Herstellerhinweisen, Sicherheits- und Errichtungsbestimmungen in DIN VDE 0100-560 insbesondere die Bedingungen des Netzbetreibers beachtet werden. Es wird empfohlen, die in Bild 3.2 dargestellten Angaben dem Netzbetreiber vor Errichtung einer Kompensation mitzuteilen.

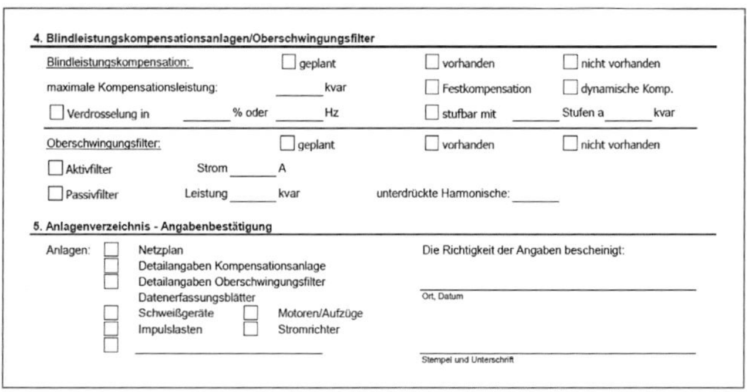

4. Blindleistungskompensationsanlagen/Oberschwingungsfilter

Blindleistungskompensation: ☐ geplant ☐ vorhanden ☐ nicht vorhanden

maximale Kompensationsleistung: ______ kvar ☐ Festkompensation ☐ dynamische Komp.

☐ Verdrosselung in ______ % oder ______ Hz ☐ stufbar mit ______ Stufen a ______ kvar

Oberschwingungsfilter: ☐ geplant ☐ vorhanden ☐ nicht vorhanden

☐ Aktivfilter Strom ______ A

☐ Passivfilter Leistung ______ kvar unterdrückte Harmonische: ______

5. Anlagenverzeichnis - Angabenbestätigung

Anlagen: ☐ Netzplan
☐ Detailangaben Kompensationsanlage
☐ Detailangaben Oberschwingungsfilter
Datenerfassungsblätter
☐ Schweißgeräte ☐ Motoren/Aufzüge
☐ Impulslasten ☐ Stromrichter
☐ ______

Die Richtigkeit der Angaben bescheinigt:

______
Ort, Datum

______
Stempel und Unterschrift

Bild 3.2: Datenerfassungsblatt (Quelle: BDEW)

In den meisten Fällen sind die technischen Daten seitens der Hersteller detailliert aufgeführt. Trotzdem enthalten Ausschreibungstexte manchmal Unklarheiten bei der Dimensionierung der Kompensation. Der Anwender muss darauf achten, welche tat-

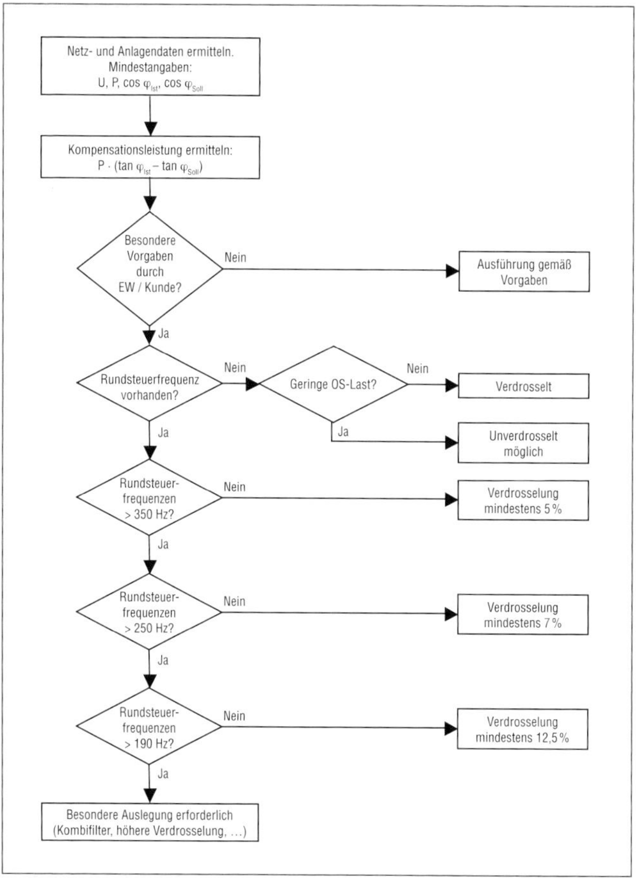

Bild 3.3: Planungsschema zur Berücksichtigung von Rundsteuerfrequenzen (Quelle: Condensator Dominit GmbH)

sächliche Leistung die Kompensationsanlage in seinem Netz haben muss, damit die Erwartungen hinsichtlich der Blindmehrverbrauchs-Kosten erfüllt werden.

Da im Netz Tonfrequenz-Rundsteueranlagen vorhanden sein können muss die Ausführung der Kompensationsanlage die verwendeten Frequenzen berücksichtigen. Eine Planungsgrundlage ist die VDEW-Richtlinie über Tonfrequenz-Rundsteuerung [3.3], die Regelungen sind in Bild 3.3 dargestellt.

3.1.2 Arten der Kompensation

3.1.2.1 Allgemeines

Bei der Kompensation mit Kondensatoren unterscheidet man drei Ausführungsarten. Welche Art – oder auch deren Kombination – die technisch und wirtschaftlich günstigste Lösung darstellt, richtet sich nach den betrieblichen Gegebenheiten und nach den Forderungen des örtlichen Netzbetreibers.

3.1.2.2 Einzelkompensation

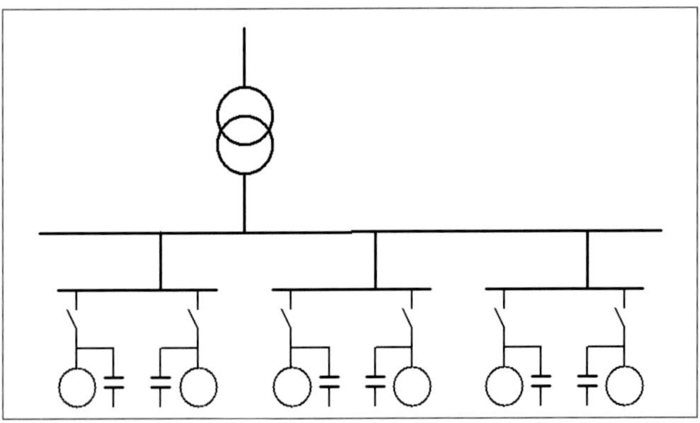

Bild 3.4: Prinzip der Einzelkompensation

Einzelkompensation (Bild 3.4) bedeutet üblicherweise, daß einer Last ein Kompensationskondensator zugeordnet wird, der mit demselben Schaltgerät geschaltet wird, wie die Last. Die Kompensation wird daher üblicherweise räumlich sehr nahe an der Last installiert. Diese Kompensationsart wird meist bei ohmsch-induktiven Lasten mit hoher Einschaltdauer (50 bis > 70%) oder konstanter Leistung angewendet (z. B. Asynchronmotoren, Schweißtransformatoren, Entladungslampen mit induktiven Vorschaltgeräten).

Kompensation von Drehstrom-Asynchronmotoren
Einige Netzbetreiber veröffentlichen Richtlinien, nach denen Drehstrommotoren zu kompensieren sind. Die Werte liegen bei 35 % bis 40 % der Motorbemessungsleistung. Beim Hochlaufen eines Motors mittels Stern-Dreieckschaltung kann eine Überspannung auftreten, wenn nach dem Abtrennen der Kondensator an der in Stern geschalteten Wicklung liegt. Hier wird empfohlen, den Kondensator mit einem separaten Schütz zu schalten. Bei Einsatz einer Motorschutzeinrichtung, die vor der Kompensation installiert ist, muss der Überstromauslöser des Motorschutzrelais auf einen reduzierten Strom eingestellt werden.

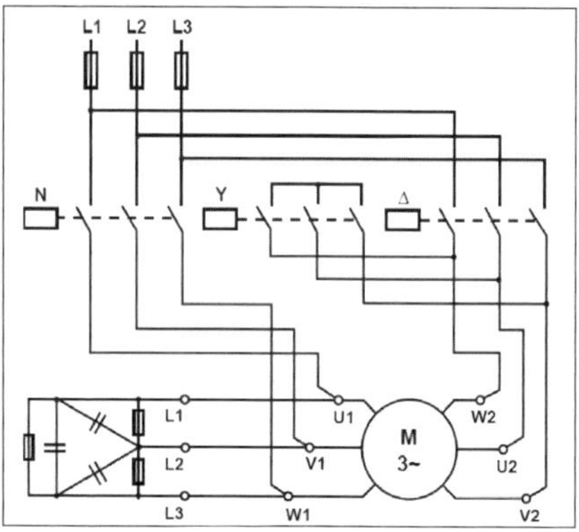

Bild 3.5: Einzelkompensierter Motor mit Stern-Dreieck-Schütz

Bei Stern-Dreieck-Schützkombinationen (Bild 3.5), ebenso wie beim Stern-Dreieckschalter, ist zu beachten, dass keine Kurzunterbrechung während der Umschaltung auftritt, d. h. das Netzschütz muss angezogen bleiben. Bei ausgeschaltetem Motor muss die Sternbrücke offen sein. Der Kondensator kann an die Ausgangsseite des Netzschützes oder an die Klemmen U1 - V1 - W1 des Motors angeschlossen sein, aber nicht an die Klemmen W2 - U2 - V2, wo er durch die Sternbrücke kurzgeschlossen würde. Eine technisch günstige Alternative ist die Verwendung eines Schütz-Stern-Dreieck-Schalters (automatische Stern-Dreieck- Schaltung). Bei sehr lang an- und auslaufenden Antrieben ist hier ein besonderes Schütz für die Kondensatoreinheit vorzusehen, um die Selbsterregung zu vermeiden.

Die Kondensatorleistung darf keinesfalls zu hoch ausgelegt werden. Dies gilt vor allem dann, wenn die Maschine große Schwungmassen besitzt und nach dem Ausschalten nachläuft. Der parallel liegende Kondensator kann die Maschine als Generator erregen und es treten gefährliche Überspannungen auf. Es können Schäden sowohl am Kondensator, als auch am Motor auftreten. Deshalb ist bei Stern-Dreieck-Anlauf zu vermeiden, dass die Sternbrücke im ausgeschalteten Zustand geschlossen bleibt. Wenn die Maschine in Sternschaltung als Generator erregt wird, sind noch höhere Spannungen zu erwarten als bei der Dreieckschaltung.

Kompensation von Aufzugs- und Kranmotoren

Aufzug- und Hebezeugmaschinen arbeiten mit Sicherheitseinrichtungen, z. B. mit einem Bremslüftmagnet, der bei Stromausfall eine schnell wirkende Bremse auslöst. Ein direkt zum Motor parallel liegender Kondensator könnte durch seine Restenergie die einwandfreie Abbremsung verzögern oder ganz verhindern. Die Kondensatoren dürfen deshalb nur vor den Schaltgeräten angeschlossen werden. Für den Kondensator sollte zumindest ein eigenes Schütz mit einer Schnellentladeeinrichtung verwendet werden.

Durch eine steuerungsseitige Verriegelung muss ein Wiedereinschalten des Kondensators vor dem Ablauf der Entladezeit verhindert werden. Bedingt durch die kurze Einschaltdauer und mögliche hohe Wiederholraten empfiehlt sich jedoch die Nutzung eines Thyristors als Schaltgerät für den Kondensator. Dieser Thyristor wird parallel vom Schaltschütz des Motors angesteuert.

Kompensation von Asynchron-Generatoren

Asynchron-Generatoren sind wie Motoren zu behandeln, dabei ist folgendes zu beachten:

Bei Lastabwurf wird sich die Drehzahl vorübergehend erhöhen, bis der Leistungsregler die Antriebsmaschine gedrosselt hat. In dieser Zeit ist infolge der erhöhten Frequenz eine Übererregung möglich. Daher muss ein Festkondensator für Asynchron-Generatoren immer in schaltbarer Ausführung installiert werden, damit dieser über ein Spannungsrelais oder über einen Kontakt des Kuppelschalters ein- und ausgeschaltet werden kann. Beim Einsatz von Regelanlagen ist darauf zu achten, dass der Blindleistungsregler mit einer Vier-Quadrantenregelung ausgerüstet ist.

Kompensation von Transformatoren

Eine Transformator-Festkompensation wird meist bei niederspannungsseitiger Messung durchgeführt, um an den Haupteinspeisungsstellen einen günstigen cos φ_1 zu erreichen. Bei mittelspannungsseitiger Messung sollte eine Direktkompensation ausgeführt werden, da der Blindleistungsbedarf des Transformators von der Kompensationsanlage nicht gedeckt wird. Da die Belastung des Transformators unterschiedlich sein kann, darf sich die Größe des Kondensators nicht nach dem maximalen Blindleistungsbedarf richten. Dadurch werden eine Überkompensation und die daraus resultierende Spannungserhöhung in Schwachlastzeiten vermieden.

Außerdem könnte bei zunehmendem Oberschwingungsgehalt der Netze die Stromaufnahme des Kondensators ansteigen. Viele Netzbetreiber lassen daher eine lastabhängige Transformatorkompensation von nur 3 - 5% der Transformatornennleistung zu. Der Anschluss sollte nur mit Sicherungen erfolgen. Soll eine Trennung des Kondensators auch bei eingeschaltetem Transformator möglich sein, muss ein Leistungskondensator mit Leistungs-Selbstschalter eingesetzt werden.

Die Transformatoren-Festkompensation bildet mit der Streureaktanz des Transformators einen Reihenschwingkreis. Liegt dessen Eigenfrequenz in der Nähe von Oberschwingungen des Netzes, so kann diese in Schwachlastzeiten auf der Sekundärseite erheblich verstärkt werden. In Netzen mit Tonfrequenz-Rundsteuerung ist darauf zu achten, dass die Eigenfrequenz nicht mit der Steuerfrequenz übereinstimmt, da die Anordnung für Rundsteuerfrequenzen als Saugkreis wirkt und die Rundsteuerspannung absaugt (siehe auch Kapitel 2.4). Einige Netzbetreiber lassen deshalb eine Transformatoren-Festkompensation nicht zu.

Kompensation von Schweißtransformatoren

Der Anschluss von Schweißgeräten mit einem Anschlusswert größer 2 kVA bedarf der vorherigen Zustimmung des Netzbetreibers. Dies trifft besonders dann zu, wenn Schweißgeräte mit hoher Schweißleistung neben gering schwankendem Blindleistungsbedarf durch Wirkleistungsstöße starke Spannungseinbrüche im öffentlichen Netz verursachen.

Kompensation von Entladungslampen mit induktivem Vorschaltgerät

Durch die Induktivität der Vorschaltdrossel ergibt sich ein $\cos \varphi_1 \approx 0{,}5$ bzw. $\cos \varphi_1 \approx 0{,}3$ bei Streufeldtransformatoren. Zur Kompensation von induktiven Vorschaltgeräten können einphasige Kondensatoren parallel oder in Reihe geschaltet werden. Bei der *Einzelschaltung* mit einer Lampe und der *Reihenschaltung* aus zwei Lampen (Tandemschaltung) wird der Kondensator *parallel* zur Lampe geschaltet. Die Kondensator-Nennspannung (230 V) ist gleich der Netzspannung.

Einige Netzbetreiber lassen netzparallele Kompensationskondensatoren für Entladungslampen mit induktivem Vorschaltgerät nicht zu, da durch sie der Betrieb von Tonfrequenz-Rundsteueranlagen beeinträchtigt wird. Je nach Bestimmungen des Netzbetreibers muss dann möglicherweise eine Tonfrequenzsperre eingebaut werden. Sind netzparallele Kondensatoren vom Netzbetreiber nicht zugelassen, so kann alternativ die Kompensation durch einen Reihenkondensator erfolgen (Duoschaltung).

Nachfolgend werden die Vor- und Nachteile der Einzelkompensation aufgeführt:

Vorteile:

- Vermeidung von zusätzlicher Belastung und Reduzierung der Stromwärmeverluste
- Niedrige Investitionskosten pro kvar
- Einsparung von Schaltgeräten für die Kompensation (z.B. Regeleinrichtung)

Nachteile:

- Insgesamt ist eine größere Kompensationsleistung notwendig, da der Gleichzeitigkeitsfaktor (bzw. Bedarfsfaktor*) unberücksichtigt bleibt.

3.1.2.3 Gruppenkompensation

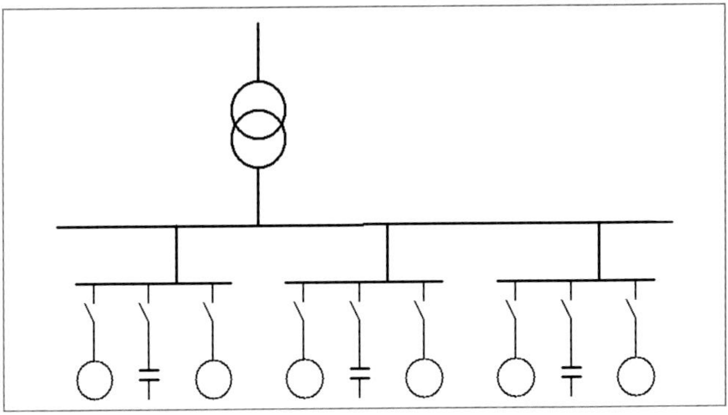

Bild 3.6: Prinzip der Gruppenkompensation

---

*) Der Bedarfsfaktor ist ein Schätzwert und schließt den Auslastungsfaktor und Gleichzeitigkeitsfaktor der „Verbrauchseinrichtungen“ ein. Er ist das Verhältnis von Maximallast zum Anschlusswert.

Gruppenkompensation (Bild 3.6) wird in der Regel bei Verbrauchergruppen mit gleichem Betriebsverhalten (z. B. Lichtbändern) und zur Entlastung bestehender Unterverteilungen eingesetzt. Wird eine größere Gruppe von Leuchtstofflampen mit induktiven Vorschaltgeräten gleichzeitig geschaltet, besteht die Möglichkeit, mit einem 3-phasigen Leistungskondensator eine Gruppenkompensation durchzuführen.

Bei der Bestimmungen der erforderlichen Kompensationsleistung ist zu beachten, dass die einzelnen Motorleistungen nicht einfach addiert werden und daraus die Kompensationsleistung bestimmt wird, sondern dass für jeden Motor die erforderliche Kompensationsleistung getrennt berechnet und dann addiert werden muss. Bei der Ermittlung der Gruppenkompensationsleistung sollte bei unterschiedlichem Lastbedarf (z. B. Zu- oder Abschaltung einzelner Motoren) der Bedarfsfaktor*), der „Verbrauchseinrichtungen" berücksichtigt werden. Da der Bedarfsfaktor, je nach „Verbrauchergruppe", sehr klein sein kann, ergibt sich bei der Gruppenkompensation (im Gegensatz zur Einzelkompensation) eine Einsparung an Kompensationsleistung. Das bedeutet eine Reduzierung der Investitionsausgaben für die Gruppenkompensation.

3.1.2.4 Zentralkompensation

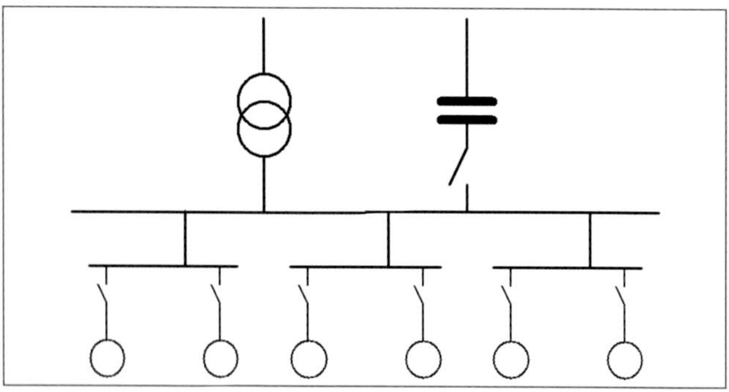

Bild 3.7: Prinzip der Zentralkompensation

Die Zentralkompensation (Bild 3.7) wird häufig bei größeren Anlagen und ständig wechselnder Last gewählt. Mit einer automatischen Regelung wird die Kompensationsleistung durch Zu- und Abschalten von mehreren Kondensatorstufen an den Blindleistungsbedarf angepasst.

Nach Ermittlung der erforderlichen Kompensationsleistung erfolgt die Festlegung der automatisch arbeitenden Kompensationseinrichtung. Die einzelnen Kondensatorstufen sollten ca. 10 % bis 15 % der Gesamt-Kompensationsleistung sein. Für den Anschluss der Anlage werden ein Stromwandler und ein oder mehrere Sicherungsabgänge an der Hauptverteilung mit Zuleitung zur Kompensationsanlage benötigt. Die Zu- und Abschaltung der Kondensatorstufen erfolgt automatisch durch einen Blindleistungsregler (Kapitel 3.2.1).

Vorteile:
- überschaubares Konzept
- Kompensationsleistung wird dem Blindleistungsbedarf der „Verbraucher“ angepasst
- Eine nachträgliche Installation oder Erweiterung ist relativ einfach
- Bessere Ausnutzung der Kompensationsleistung

Nachteil:
- Verteilungs- und Schaltanlagen werden nicht entlastet.

3.1.2.5 Gemischte Kompensation

Aus wirtschaftlichen Gründen ist es oft vorteilhaft, die drei vorgenannten Kompensationsarten miteinander zu kombinieren. Diese Kompensationsart ist sehr häufig in großen Betrieben anzutreffen, wobei z. B. Einzelkompensationen in Leuchtstofflampen mit induktiven Vorschaltgeräten; Gruppenkompensation eines Maschinenparks und Zentralkompensation an der Stromverteilung oder direkt hinter der Übergabestelle des Netzbetreibers zum Kunden eingesetzt wird. Die Gruppenkompensation einer Unterverteilung kann auch als geregelte Kompensationsanlage ausgeführt werden (siehe auch Kapitel 3.1.5.4).

3.1.2.6 Dynamische Kompensation

Die dynamische Kompensation ist eine spezielle Kompensation für „Verbraucher“ mit schnell und superschnell wechselnden Lasten. Die typischen Anwendungsfälle für eine dynamische Kompensation:

- in Niederspannungsnetzen mit niedriger Kurzschlußleistung, in denen beim Schalten von leistungsstarken Verbrauchern Störungen auftreten
- in Netzen, mit hoher Anforderung an die Spannungsstabilität wenn eine verzögerungsfreie Blindleistungs-Kompensation mit hoher Schaltfrequenz erforderlich ist
- wenn nur für jeweils wenige Netzperioden kompensiert werden soll z.B. bei Niederspannungsnetzen mit Punktschweißmaschinen, Pressen/Stanzen, Kränen, Hebeleinrichtungen, Aufzügen, Walzwerken, Knetantrieben.

In Netzen mit schnellen Lastwechseln ist der Einsatz herkömmlicher Blindleistungskompensationsanlagen mit Schützen zum Schalten der Leistungskondensatoren ungeeignet. Die Reaktionszeit zwischen den einzelnen Schaltungen beträgt aufgrund der notwendigen Entladezeit der Kondensatoren typischerweise 40 bis 120 Sekunden und bestimmt damit die Zeitkonstante der gesamten Anlage. Bei schnellen dynamischen Produktionsprozessen sind diese Anlagen nicht einsetzbar, da sie dem Prozess nicht folgen können. Mit dem Einsatz dynamischer Blindleistungskompensationsanlagen können Kondensatoren innerhalb weniger Millisekunden beliebig oft und lange ans Netz geschaltet werden.

Die dynamischen Kompensationsmodule zeichnen sich u. a. durch folgende Eigenschaften aus:

- verschleissfreies Schalten
- unbegrenzte Schaltspiele
- transientenfreies Schalten

Der hauptsächliche Vorteil bei der dynamischen Kompensation liegt darin, dass die wartungsfreien Thyristoren gegenüber den Schützen eine sehr hohe Schaltgeschwindigkeit aufweisen. Dadurch ist das Regelverhalten absolut stabil ohne jedes Pendeln.

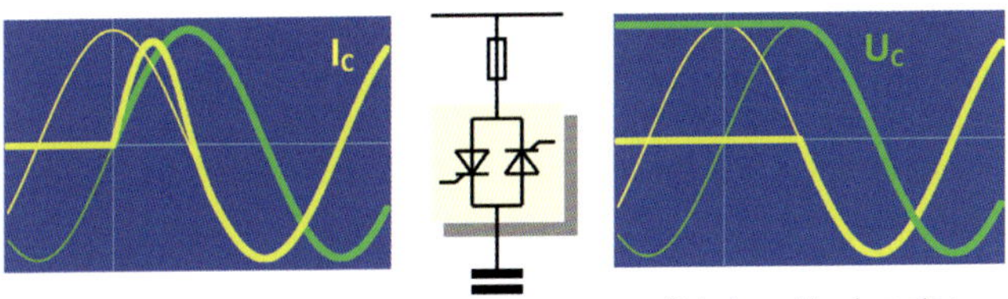

Bild 3.8: transientenfreies Schalten mit Thyristoren

Die Schaltung der Module erfolgt häufig über einen speziellen dynamischen Blindleistungsregler, der den Grundschwingungs-Leistungsfaktor in Echtzeit innerhalb weniger Millisekunden erfasst und die Kompensationsstufen ansteuert. Eine spezielle Ansteuerelektronik stellt sicher, daß genau im Nulldurchgang geschaltet wird, die Netzspannung also genau gleich der Kondensator-(Rest-)Spannung ist. Die sonst üblichen Sperrzeiten für eine Wiederzuschaltung der Kondensatoren, wie bei dem klassischen Schalten mit Schützen, entfallen somit, der Schaltvorgang erfolgt somit transientenfrei (Bild 3.8).

3.1.2.7 Motoranlaufkompensation

Die Forderung nach einer Motoranlaufkompensation wird durch die Einschaltstrombegrenzung und Netzverträglichkeit geknüpft. Besonders in Netzen mit relativ geringer Kurzschlussleistung und großen motorischen Lasten ist die Motoranlaufkompensation wirtschaftlich. Auch bei Problemen mit Motoranlauf wie:

- Überstromauslösung, Anregung von Schutzeinrichtung
- Unterspannungsauslösung, Anregung von Schutzeinrichtung
- Motor läuft nicht hoch (Spannung zu niedrig)

eignet sich eine Motorfestkompensation und Blindleistungs-Regelanlage die für den Motorstart herangezogen wird.

Bei kleineren Motorleistungen und schnellem Stromanstieg werden Thyristoren mit Reglern eingesetzt (dynamische Kompensation). Große Motorleistungen (> 500 kW) dagegen haben als Motoranlaufkompensation in der Regel einen Leistungsteil mit Motorfestkompensation mit einer sehr hohen Leistungsdichte. Über eine spezielle Steuerung werden der Leistungsschalter des Motors und die Kompensationsstufe gesteuert und zwar entsprechend dem Blindstrombedarf, d. h., der hohe Motoranlaufstrom ist fast ausschließlich induktiv und benötigt hauptsächlich Blindstromkompensation.

Die im Bild 3.9 dargestellte Anlage liefert die Kompensationsleistung zeit- und bedarfsgerecht. Mit zunehmendem Anlaufstrom schaltet die Kompensationsanlage stufenweise die Leistung wieder ab. Wenn die Motoranläufe nicht sehr häufig stattfinden können die Anlaufstufen mit einer im Vergleich zu geregelten Kompensationsanlagen deutlich höheren Leistungsdichte (Installierte Leistung je Schrank) ausgeführt werden, da sich die Komponenten in der Zeit zwischen zwei Motoranläufen wieder abkühlen. Im dargestellten Beispiel wird die geregelte Kompensationsanlage für den Dauerbetrieb während des Einschaltvorganges als zusätzliche Anlaufstufe vollständig zugeschaltet.

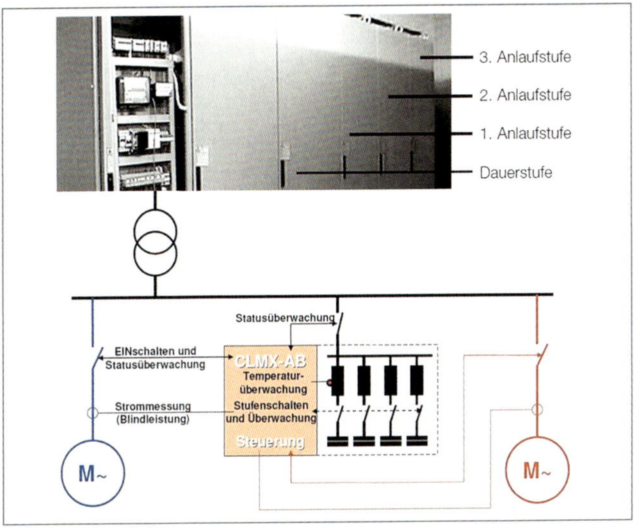

Bild 3.9: Beispiel einer Motoranlaufkompensation mit Steuerungsprinzip. Quelle: Condensator Dominit GmbH)

3.1.3 Ermittlung der benötigten Kompensationsleistung

Um die Ermittlung der erforderlichen Kompensationsleistung durchführen zu können, werden die elektrischen Daten der Betriebsanlage des Kunden für die Planung der Blindleistungskompensation benötigt.

Beispiel 1 – Ermittlung aus der EVU-Rechnung:
Die Ausgangsdaten eines Sondervertragskunden werden anhand der Monatsrechnung des Versorgers in der Hauptbetriebszeit des Kunden entnommen. Es werden die Hochtarifwerte (HT-Tarif) für die Auslegung angesetzt. In den Fällen, wo überwiegend mit preisgünstigerem NT-Tarif im Betrieb gearbeitet wird, dürfen die NT-Werten nicht vernachlässigt werden.

Beispieldaten:

Wirkarbeit (W_P)	200.000	kWh
Blindarbeit (W_Q)	160.000	kvarh
Wirkleistung (P)	480	kW
Kostenlose Blindarbeit (Freimenge)	100.000	kvar
= 50% der Wirkarbeit		

Ermittlung der Kompensationsleistung nach Gleichung (3.1):

$$Q_C = P \cdot (\tan \varphi_{1,ist} - \tan \varphi_{1,soll}) \qquad (3.1)$$

$$\tan \varphi_{1,ist} = \frac{W_Q}{W_P} = \frac{160000\,\text{kvarh}}{200000\,\text{kWh}} = 0{,}8 \qquad (3.2)$$

Q_C = 480 kW (0,8 – 0,5) ≈ 144 kvar => gewählt: Q_C = 150 kvar (marktübliche Standardgröße)

An Stelle der 50% Freigrenze wird häufig mit dem Grenzwert cos $\varphi_{1,soll}$ = 0,9 (tan $\varphi_{1,soll}$ = 0,484) gerechnet, dann wird folgende Kompensationsleistung benötigt:

Q_C = 480 kW (0,8 – 0,484) ≈ 151,7 kvar => gewählt: Q_C = 175 kvar (marktübliche Standardgröße)

Um eine evtl. Erweiterung des Betriebs mit abzudecken, kann auch eine etwas höhere Kondensatorleistung gewählt werden.

Beispiel 2 – Motorfestkompensation

Ein Motor mit P = 60 kW und einem cos $\varphi_{1,ist}$ = 0,6 (lt. Leistungsschild) soll auf cos $\varphi_{1,soll}$ = 0,9 kompensiert werden.

cos $\varphi_{1,ist}$ = 0,6 => tan $\varphi_{1,ist}$ = 1,33

Die vom Motor aufgenommene Blindleistung beträgt:

$Q = P \cdot \tan \varphi_1$ $\qquad Q$ = 60 kW · 1,33 ≈ 80 kvar

Für die Vollkompensation ($\cos \varphi_{1,\text{soll}} = 1$) wäre eine Kondensatorleistung von $Q = 80$ kvar erforderlich. Da der Motor bei Teillast oder Leerlauf deutlich geringere Blindleistung aufnimmt, würde sich in diesem Fall eine starke Überkompensation ergeben. Deshalb sieht man z. B. bei Nennleistung einen $\cos \varphi_{1,\text{soll}} = 0{,}9$ vor.

$\cos \varphi_{1,\text{soll}} = 0{,}9 \qquad \tan \varphi_{1,\text{soll}} = 0{,}484$

$Q_C = 60 \text{ kW} \cdot (1{,}33 - 0{,}484) \approx 50 \text{ kvar}$

Anmerkungen: Bei einer direkten Einschaltung des Kondensators und des Motors mit dem gleichen Schaltgerät besteht die Gefahr der Selbsterregung des Motors [3.1]. Die Blindleistung des Kondensators sollte nicht höher sein, als die Leerlaufblindleistung des Motors. Wäre sie größer, dann könnte beim Abschalten langsam auslaufender Motoren durch die Entladung des Parallel-Kondensators eine Selbsterregung in der Motorwicklung entstehen und damit zu unzulässigen Spannungserhöhungen führen.

Für überschlägige Schätzungen zur Ermittlung der Kompensationsleistung bei Motoren und Transformatoren gelten die nachstehenden Anhaltswerte:

Kompensationsleistung bei Ziel-cos φ_1 = 0,9

- einzelkompensierte Motoren
  35 – 40 % der Motornennleistung
- einzelkompensierte Transformatoren
  2,5 % der Trafonennleistung
- Zentralkompensation
  25 – 67 % der Trafonennleistung (1/4 bis 2/3)

Wenn nicht ausdrücklich vom Netzbetreiber ein $\cos \varphi_1 = 1{,}0$ gefordert wird, bleibt die Entscheidung beim Anwender, ob er diese relativ hohe und teure Kondensatorleistung installieren will. Denn eine Verbesserung des Grundschwingungs-Leistungsfaktors von $\cos \varphi_{1,\text{ist}} = 0{,}8$ auf $\cos \varphi_{1,\text{soll}} = 1{,}0$ statt 0,95 benötigt eine um 75% höhere Kompensationsleistung. Ebenso macht es bei der Bestimmung der Kondensatorleistung auch keinen Sinn, die Kondensatorleistung nach der höchsten momentanen Leistung auszulegen, da man eine zu große Kondensatorleistung erhält.

3.1.4 Aufstellung und Anschluss

Bei der Aufstellung von Kompensations-Kondensatoren sind die Angaben der Temperaturklassifizierung zu beachten (siehe Kapitel 2.2). Planer und Anlagenbetreiber müssen bei der Aufstellung von Kompensations-Kondensatoren besonders auf die Umgebungstemperatur achten, da diese großen Einfluss auf die Lebensdauer hat. Die Umgebungstemperatur des Kondensators ist einer der Hauptbelastungsfaktoren.

Sollte die Temperatur der umgebenden Luft die höchstzulässigen Werte laut Temperaturklasse übersteigen (siehe Herstellerangaben), so beschleunigt dies die elektrochemische Zersetzung des Dielektrikums. Die ausführlichen Bedingungen für die Umgebungstemperaturen von Leistungskondensatoren sind in DIN EN 60831-1 (3.4) beschrieben.

Kondensatoren müssen so aufgestellt werden, dass eine angemessene Abfuhr der durch die Kondensatorverluste erzeugten Wärme durch Konvektion und Strahlung erfolgen kann. Die Belüftung des Betriebsraumes und die Anordnung der Kondensatoreinheiten müssen eine gute Luftzirkulation um jede Einheit ermöglichen. Bei Kondensatoren, die Wärmestrahlung ausgesetzt sind, sollten folgende Maßnahmen getroffen werden:

- Kondensator gegen Sonneneinstrahlung und Wärmequellen schützen.
- Filterkreisdrossel dürfen nicht direkt neben oder unterhalb von Leistungskondensatoren montiert werden.
- Alternativ sind Kondensatoren zu wählen, die für eine höhere Umgebungstemperatur geeignet sind. Alternativ können Kondensatoren mit höherer Bemessungsspannung gewählt werden. Dies bewirkt eine geringere Leistungsdichte (kvar/cm^3).

Die Aufstellung der Kondensatoren soll in trockenen, kühlen, gut belüfteten und korrosionsfreien Innenräumen erfolgen. Auch die Wärmeeinstrahlung von NH-Sicherungen, Schützen und Filterdrosseln auf die Kondensatoren sollte so gering wie möglich gehalten werden. Es sind die Herstellerangaben bezüglich Aufstellung unbedingt zu beachten.

Bei Entladungslampen mit induktiven Vorschaltgeräten und einzubauendem Kondensator darf die Temperatur des Kondensatorgehäuses während des Betriebs der Entladungslampe die aufgedruckte obere Grenztemperatur nicht überschreiten. Deshalb ist beim Zusammenbau von Drossel und Kompensationskondensator auf eine thermische Trennung der beiden Bauteile zu achten.

Leistungskondensatoren in Schaltschränken werden gemäß ihrer Ausführung bezüglich des Schutzes gegen Berühren aktiver Teile (Berührungsschutz) sowie gegen das Eindringen fester Partikel (Fremdkörperschutz) und Wasser (Wasserschutz) in das Innere der Betriebsmittel eingeteilt. Der Aufstellungsort bestimmt die notwendigen Schutzarten für den Berührungs-, Fremdkörper- und Wasserschutz. Des Weiteren ist bei der Aufstellung von Leistungskondensatoren auf folgendes zu achten:

- Kondensatoren sind erschütterungsfrei aufzustellen
- Die normale Gebrauchslage von Leistungskondensatoren ist senkrecht Lackschäden sollten ausgebessert werden, um Unterrostungen zu vermeiden; eine bodenfreie Aufstellung verhindert Rostgefahr.
- EN-, VDE-Bestimmungen, IEC-Normen und Bestimmungen des örtlichen Netzbetreibers sowie des Herstellers sind bei der Installation und Anwendung von Kompensationskondensatoren zu beachten.
- Kondensatoren müssen so installiert werden, dass ein zufälliges Berühren spannungsführender Teile sicher vermieden wird.

- Ist der Aufstellungsort mit Staub belastet, sollte die Luftzufuhr an den Kondensatoren gereinigt werden (z.B. Filtermatten verwenden).
- Eine regelmäßige Reinigung - insbesondere der Kondensator-Anschlussteile - ist erforderlich.

Bezüglich der Problematik des Betriebs von Kondensatoren in oberschwingungsbehafteten Netzen wird auch auf die Ausführungen in den Kapiteln 5 und 6 verwiesen.

Tabelle 3.2: Sicherungen (träge Charakteristik) und Zuleitungsquerschnitte (Kabel und Leitungen für feste Verlegung) nach DIN VDE 0298-4; Verlegeart C Quelle: FRAKO Kondensator- und Anlagenbau GmbH)

Leistung in kvar	230V / 50 Hz Strom in A	Sicherung in A	Querschnitt in mm²	400V / 50 Hz Strom in A	Sicherung in A	Querschnitt in mm²	525V / 50 Hz Strom in A	Sicherung in A	Querschnitt in mm²
2,50	6,3	10	4 × 1,5	3,6	10	4 × 1,5	2,7	10	4 × 1,5
5,00	12,6	20	4 × 2,5	7,2	10	4 × 1,5	5,5	10	4 × 1,5
6,25	15,7	25	4 × 4	9,0	16	4 × 2,5	6,9	10	4 × 1,5
7,50	18,8	35	4 × 6	10,8	16	4 × 2,5	8,2	16	4 × 2,5
10,00	25,1	35	4 × 6	14,4	20	4 × 2,5	11,0	16	4 × 2,5
12,50	31,4	50	4 × 10	18,0	25	4 × 4	13,7	20	4 × 2,5
15,00	37,7	63	4 × 16	21,7	35	4 × 6	16,5	25	4 × 4
17,50	43,9	63	4 × 16	25,3	35	4 × 6	19,2	35	4 × 6
20,00	50,2	80	3 × 25/16	28,9	50	4 × 10	22,0	35	4 × 6
25,00	62,8	100	3 × 35/16	36,1	50	4 × 10	27,5	50	4 × 10
27,50	69,0	100	3 × 35/16	39,7	63	4 × 16	30,2	50	4 × 10
30,00	75,3	125	3 × 50/25	43,3	63	4 × 16	33,0	50	4 × 10
31,25	78,4	125	3 × 50/25	45,1	63	4 × 16	34,4	50	4 × 10
37,50	94,1	160	3 × 70/35	54,1	80	3 × 25/16	41,2	63	4 × 16
40,00	100,4	160	3 × 70/35	57,7	80	3 × 25/16	44,0	63	4 × 16
43,75	109,8	160	3 × 70/35	63,1	100	3 × 35/16	48,1	80	3 × 25/16
45,00	113,0	160	3 × 70/35	65,0	100	3 × 35/16	49,5	80	3 × 25/16
50,00	125,5	200	3 × 95/50	72,2	100	3 × 35/16	55,0	80	3 × 25/16
52,50	131,8	200	3 × 95/50	75,8	125	3 × 50/25	57,7	80	3 × 25/16
60,00	150,6	250	3 × 120/70	86,6	125	3 × 50/25	66,0	100	3 × 35/16
62,50	156,9	250	3 × 120/70	90,2	125	3 × 50/25	68,7	100	3 × 35/16
67,50	169,4	250	3 × 120/70	97,4	160	3 × 70/35	74,2	125	3 × 50/25
68,75	172,6	250	3 × 120/70	99,2	160	3 × 70/35	75,6	125	3 × 50/25
75,00	188,3	315	3 × 185/95	108,3	160	3 × 70/35	82,5	125	3 × 50/25
112,50	282,4	400	2× 3 × 95/50	162,4	250	3 × 120/70	123,7	200	3 × 95/50
120,00	301,2	500	2× 3 × 120/70	173,2	250	3 × 120/70	132,0	200	3 × 95/50
125,00	313,8	500	2× 3 × 120/70	180,4	250	3 × 120/70	137,5	200	3 × 95/50
150,00	376,5	630	2× 3 × 185/95	216,5	315	3 × 185/95	165,0	250	3 × 120/70
175,00	439,3	630	2× 3 × 185/95	252,6	400	2× 3 × 95/50	192,5	315	3 × 185/95
200,00	502,0	800	2× 3 × 240/120	288,7	400	2× 3 × 95/50	219,9	315	3 × 185/95
225,00	-	-	-	324,8	500	2× 3 × 120/70	247,4	400	2× 3 × 95/50
250,00	-	-	-	360,8	500	2× 3 × 120/70	274,9	400	2× 3 × 95/50
275,00	-	-	-	396,9	630	2× 3 × 185/95	302,4	500	2× 3 × 120/70
300,00	-	-	-	433,0	630	2× 3 × 185/95	329,9	500	2× 3 × 120/70
350,00	-	-	-	505,2	800	2× 3 × 240/120	384,9	630	2× 3 × 185/95
375,00	-	-	-	541,3	800	2× 3 × 240/120	412,4	630	2× 3 × 185/95
400,00	-	-	-	577,4	800	2× 3 × 240/120	439,9	630	2× 3 × 185/95

Für die Ausführung der Installationsarbeiten sind die entsprechenden Teile von VDE 0100, 0105 und die Anschlussbedingungen des örtlichen Netzbetreibers zu beachten.

Nach DIN EN 60831-1 [3.4] müssen Kondensatoreinheiten dauerhaft für den Dauereffektivstrom vom 1,3-fachen des Bemessungsstromes I_r geeignet sein, der sich bei sinusförmiger Nennspannung und Nennfrequenz einstellt. Unter Berücksichtigung der zulässigen Kapazitätstoleranz von $1{,}1 \cdot C_r$ kann der maximal zulässige Strom Werte bis $1{,}43 \cdot I_r$ erreichen. Diese Mehrbelastbarkeit sowie der hohe Einschaltstrom der Kondensatoren sind bei der Dimensionierung von Sicherungen und Anschlussleitungs-Querschnitten zu berücksichtigen.

Die in Tabelle 2.2 genannten Anschlussquerschnitte (Zuleitungen) und Nennströme der Sicherungen (träge Charakteristik) sind Mindestwerte, die für normale Bedingungen gelten und die bei abweichenden Verhältnissen (z. B. höherer Umgebungstemperatur oder Kabelhäufung) entsprechend höher gewählt werden müssen. Die Angaben der Anschlussquerschnitte gelten bei einer Umgebungstemperatur von 30°C.

Lässt sich z.B. bei einer Kondensatoreinheit mit dem für das Anschlusskabel abgesicherten NH-Sicherungen keine Selektivität zu den übergeordneten Schutzorganen erzielen, können Leistungsschalter mit kurzverzögerten Überstromauslösern eingesetzt werden. Alternativ besteht die Möglichkeit, die Kondensatoreinheiten (als Regeleinheiten) in Grund- und Erweiterungseinheiten einzusetzen.

3.1.5 Auswahl und Anordnung von Stromwandlern

3.1.5.1 Auswahl der Stromwandler

An die Meßgenauigkeit der Wandler für geregelte Blindleistungs-Kompensationsanlagen werden keine hohen Anforderungen gestellt, da nur in Stufen und somit mehr oder weniger grob geregelt wird. Es sollten Wandler für Meßzwecke eingesetzt werden, da ein Schutzwandler im Falle eines Kurzschlusses eine

Beschädigung des Reglers verursachen kann. Die Bürde (VA-Zahl) muß auf die Bürde des Reglers, etwaiger zusätzlich angeschlossener Messgeräte und die Länge der Zuleitung angepasst werden. Bei einer Zuleitungslänge von 10 m ist normalerweise ein Meßwandler der Klasse 1 mit 20 VA ausreichend. Das Übersetzungsverhältnis der Stromwandler muß so bemessen sein, daß das Stromsignal auf der Sekundärseite des Wandlers bei Anforderung der kleinsten Stufe mindestens der Ansprechempfindlichkeit des Reglers entspricht. Bei einer Ansprechschwelle des Reglers von c/k = 0,05 sind dies beispielsweise 50 mA (siehe auch Kapitel 3.2.2). Dieser Wert lässt sich nach Gleichung 3.3 berechnen mit:

$$c/k = \frac{2}{3} \cdot \frac{Q_{Stufe}}{\sqrt{3} \cdot U_n \cdot \ddot{u}} \tag{3.3}$$

Q_{Stufe} = Leistung der kleinsten Stufe
U_N = Netznennspannung am Einbauort des Stromwandlers
$\ddot{u}$ = Übersetzungsverhältnis des Wandlers

Im 400 V-Netz läßt sich Gleichung 3.3 für einen X/5 A-Wandler und einen Regler mit Ansprechschwelle $c/k \geq 0{,}05$ A so vereinfachen, daß der maximale Primärstrom des Wandlers in A aus der Stufenleistung in kvar mit der Gleichung: $I_{Primär} \leq 96 \cdot Q_C$ bestimmt wird.

Bei einem großen Stromwandlerverhältnis z. B. aufgrund der Parallelschaltung mehrerer Einspeisungen können nur große Regelstufen eingesetzt werden.

3.1.5.2 Standardanordnung des Stromwandlers

Der Wandler muß, wie in Bild 3.10 gezeigt, so angeordnet sein, daß sowohl der Strom der zu kompensierenden Lasten, als auch der Strom der Kompensationsanlage erfaßt wird. Falls Festkompensationen installiert sind, müssen diese auch mit erfaßt wer-

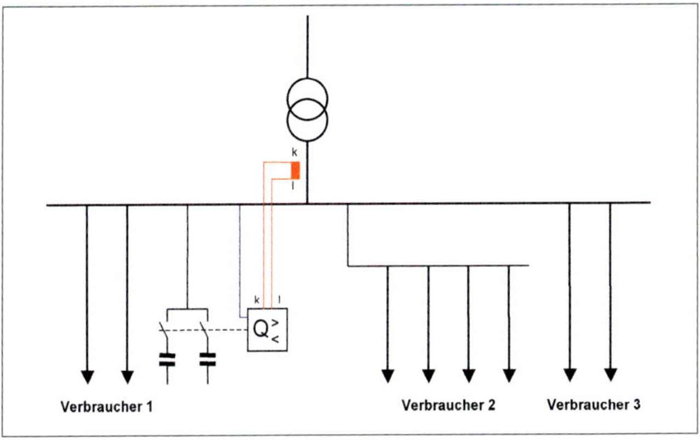

Bild 3.10: Prinzipielle Stromwandleranordnung

den, um unerwünschte Überkompensation zu vermeiden. Ausgenommen hiervon sind nur Transformator-Festkompensationen, da diese zwar auf der Niederspannungsseite installiert sind, aber Blindleistung kompensieren, die auf der Mittelspannungsseite anfällt.

Der Spannungsfall zwischen Einspeisepunkt und dem äußersten Ende der Sammelschiene einer Verteilung ist in der Praxis nur sehr gering und der Phasenwinkel zwischen Strom und Spannung ist entlang der Schiene unverändert. Da für die Regelung nur der Phasenwinkels zwischen Strom und Spannung benötigt wird spielt es für die Messung keine Rolle, wo der Meßspannungsabgiff des Reglers erfolgt.

Der Stromwandler muß so angeordnet sein, dass sowohl der Verbraucherstrom, als auch der Strom der Kompensationsanlage gemessen werden.

3.1.5.3 Gemischte Messung zur Kompensation der Trafo-Blindleistung

In Bild 3.11 ist eine Möglichkeit dargestellt, die Transformator-Blindleistung durch die geregelte Anlage zu kompensieren. Bei der „gemischten Messung“ wird die Spannung auf der Niederspannungsseite gemessen, der Strom jedoch auf der Oberspannungsseite des Transformators. Voraussetzung für diese Art der Messung ist es, daß die durch die Schaltgruppe des Transformators verursachte Phasendrehung (z. B. 150° bei Yd5) berücksichtigt wird. Dies kann entweder durch eine am Regler programmierbare Phasenverschiebung oder durch geeignete Änderung des Spannungsanschlusses geschehen. Bei dieser Schaltung muß beachtet werden, daß bei der Berechnung des c/k-Wertes (siehe Kapitel 3.1.5.1 und 3.2.2) die Spannung auf der Oberspannungsseite des Transformators in die Gleichung 3.3 eingesetzt werden muß, nicht die Nennspannung der Kompensationsanlage.

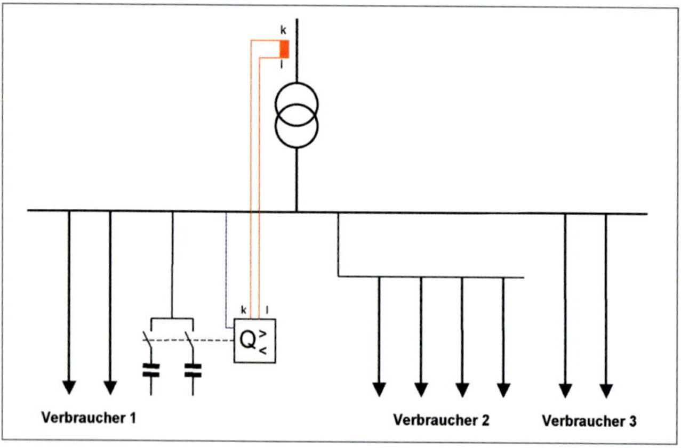

Bild 3.11: gemischte Messung

3.1.5.4 Kaskadenschaltung für den gleichzeitigen Betrieb von Regelanlagen in Haupt- und Unterverteilungen

Bei ausgedehnteren Niederspannungsverteilungen können in Unterverteilungen zur Entlastung der Verbindungen ebenfalls Kompensationen installiert werden, wie die Gruppe „Verbraucher 2“ in Bild 3.12. Um ein Pendeln des Zentralreglers (Regler 1) zu vermeiden, muß bei derartigen Anordnungen der Zentralregler auf eine längere Schaltzeit eingestellt werden, als der Regler in der Unterverteilung (Regler 2).

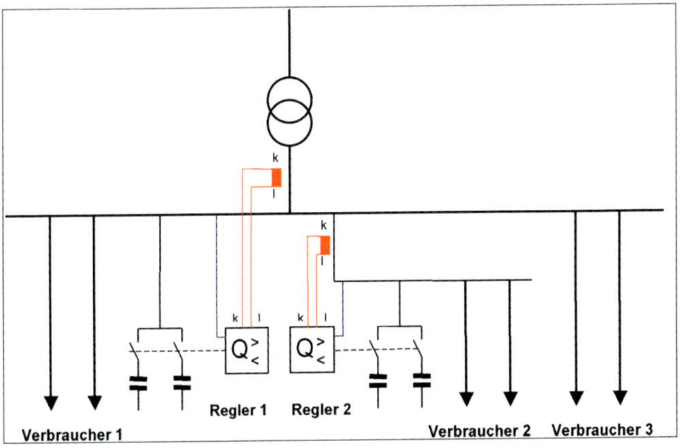

Bild 3.12: Kaskadenschaltung

3.1.5.5 Stromwandleranordnung bei parallelen Einspeisungen

In Anlagen mit Paralleleinspeisungen ist es zur Erfassung der gesamten Blindleistung erforderlich, wie den Strom in jeder Einspeisung zu messen und die Signale mit einem Summenwandler zusammenzufassen wie in Bild 4.9 dargestellt. Hierbei muß berücksichtigt werden, daß die Wandlerübersetzungsverhältnisse der parallelen Wandler für die Beurteilung der Ansprechempfindlichkeit addiert werden müssen.

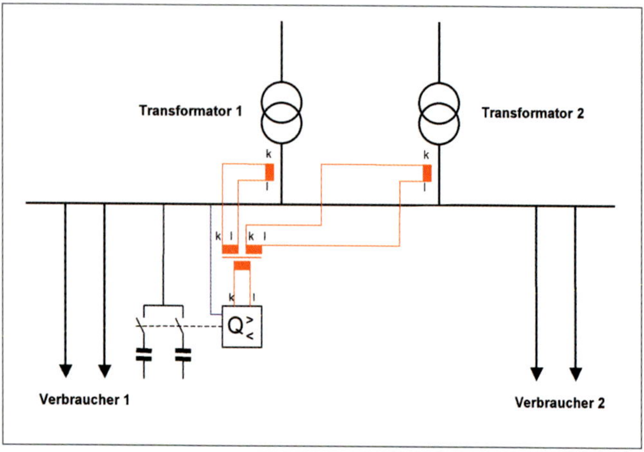

Bild 3.13: Wandleranordnung bei Paralleleinspeisung

3.1.5.6 Parallelbetrieb von Anlagen

Wenn Sammelschienen mit jeweils einer eigenen Kompensation über einen Kuppelschalter parallel geschaltet werden können, so hängt die sinnvollste Wandleranordnung davon ab, wie häufig die Parallelschaltung vorkommt. Falls die Abschnitte nur selten zusammengeschaltet werden, ist es ausreichend, bei den Reglern gleiche Werte für Soll-Leistungsfaktor und Schaltzeit einzustellen. Die Leistung teilt sich im Parallelbetrieb auf die beiden Einspeisungen auf, beide Anlagen sollten immer ungefähr gleich viele Stufen eingeschaltet haben. Wird allerdings z. B. Transformator 2 abgeschaltet, so muß die Kompensation des Bereiches 1 auch die Blindleistung des Bereiches 2 ausregeln, da der Regler 2 bei Wegfall des Stromsignals nicht mehr regelt (Je nach Fabrikat werden entweder alle Stufen abgeschaltet, oder der Regler „bleibt stehen“: eingeschaltete Stufen bleiben auch bei Blindleistungsänderungen eingeschaltet und ausgeschaltete Stufen bleiben ausgeschaltet).

Wenn die Schienen häufig parallel geschaltet werden oder aus Redundanzgründen ein Transformator für die Versorgung beider Anlagenteile ausreicht, sollte in der klassischen Betrachtungsweise jeder Sammelschienenabschnitt so betrachtet werden, wie ein Bereich mit zwei parallelen Einspeisungen (Bild 3.14). Die Kompensationsanlagen müssen in diesem Fall nur für die angeschlossene Verbraucherleistung des jeweiligen Abschnitts dimensioniert werden und nicht für die gesamte Transformatorleistung. Um einen Wandler in der Kupplung einzusparen, kann ein gemeinsamer Wandler verwendet werden, der allerdings für einen der beiden Bereiche „verkehrt herum" angeschlossen werden muß. Im Bild ist dies der rechte Bereich, für den die Wandlerklemme „l" den Einspeisepunkt darstellt, also an der Klemme „k" des Summenwandlers angeschlossen wird. Mit dieser Schaltung wird erreicht, dass auch bei abgeschaltetem Transformator die Kompensation des entsprechenden Sammelschienenabschnitts arbeitet.

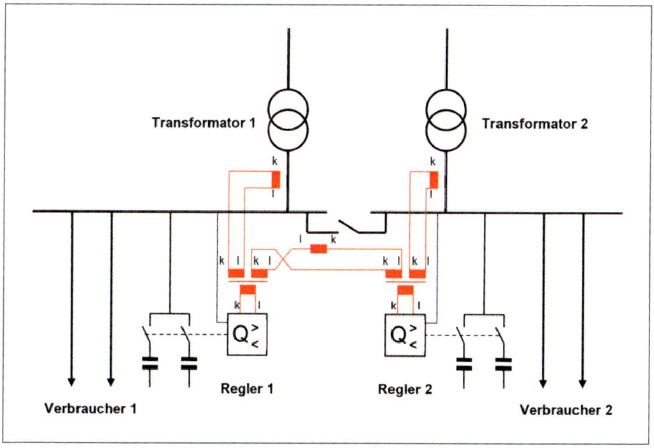

Bild 3.14: Klassische Sammelschienenabschnittsbildung (mit Stromwandler in der Kupplung)

Bei dieser Schaltung wird bei abgeschaltetem Transformator 2 die Kompensation 1 die Blindleistung für Bereich 2 einmal mit positivem Vorzeichen und einmal mit negativem Vorzeichen messen, also nicht berücksichtigen. Die Kompensation 2 wird diese Blindleistung dagegen aufgrund des Wandlers in der Kupplung messen und entsprechend kompensieren.

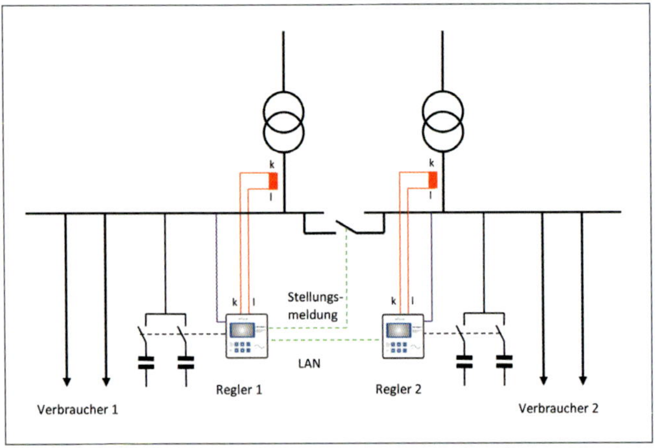

Bild 3.15: Moderne Sammelschienenabschnittsbildung (mit Kommunikationsleitung)

Mit modernen kommunikationsfähigen Reglern ist es bei entsprechender Programmierung möglich, diese komplizierte Schaltung zu vereinfachen (Bild 3.15). Jeder Regler hat einen Stromwandler in der Einspeisung zum entsprechenden Sammelschienenabschnitt. Ein Regler erhält ein Signal über die Stellung des Kuppelschalters, die beiden Regler werden über eine Busleitung verbunden. Bei geöffnetem Schalter arbeiten beide Kompensationsanlagen autark, bei geschlossenem Kuppelschalter im Master-Slave Verbund.

3.2 Betrieb von Kompensationsanlagen

3.2.1 Regelung

In der heutigen Zeit sind digitale Blindleistungsregler im Einsatz, die neben der eigentlichen Funktion als Regler ein breites Spektrum an Zusatzfunktionen bieten. Diese Zusatzfunktionen sind im allgemeinen Meß-, Speicher- und Überwachungsfunktionen für Parameter wie Spannung, Strom, Wirk- und Blindleistung, Leistungsfaktor, Oberschwingungsspektrum usw. Da die Mehrzahl der Geräte jedoch nur ein einphasiges Meßsystem hat ist eine vollwertige dreiphasige Überwachung einer Energieverteilung mit einem Blindleistungsregler meist nicht möglich.

Auch in dreiphasigen Verteilungen werden meistens Blindleistungsregler mit einphasigem Meßsystem eingesetzt. Hier wird angenommen, dass die Last weitgehend symmetrisch auf die drei Phasen verteilt ist. Bei unsymmetrischer Lastverteilung wird die Strommessung sinnvollerweise in der Phase mit der höchsten (Blind-)Leistung eingebaut. Bei stark unsymmetrischer Lastverteilung z. B. aufgrund vieler und/oder großer ein- oder zweiphasig angeschlossener Lasten ist es erforderlich, die Phasen einzeln zu kompensieren. Zu diesem Zweck werden entweder drei Einphasen-Kompensationsanlagen verwendet, oder ein Regler mit dreiphasiger Messung und der Möglichkeit sowohl dreiphasige, als auch einphasige Kompensationsstufen zu schalten.

Die Grundfunktion des Meßsystems aller Blindleistungsregler besteht darin den Strom und den Phasenwinkel zwischen Strom und Spannung zu messen. Für die bedarfsgerechte Ansteuerung der Kompensationsstufen gibt es je nach Ausführung der Anlage unterschiedliche Schaltstrategien.

Die einfachste und älteste Methode ist die Schrittschaltung, bei der bei steigendem Bedarf die vorhandenen Stufen nacheinander mit Stufe 1 beginnend zugeschaltet werden, bei sinkendem Bedarf wird beginnend mit der höchsten Stufe abgeschaltet. Diese Schaltmethode war bei früheren mechanischen Reglern technisch bedingt, wird heutzutage jedoch kaum noch verwendet, falls nicht technische Gründe für die genaue Reihenfolge der Zu- und Abschaltungen, wie z. B. bei geregelten Passivfiltern.

Ein Nachteil dieser Schrittschaltung besteht darin, dass Stufen gleicher Leistung im Laufe der Lebensdauer einer Anlage unterschiedlich häufig geschaltet werden. Die erste Stufe ist in vielen Anlagen immer eingeschaltet, die letzte Stufe wird dagegen unter Umständen nie geschaltet und die Stufen „in der Mitte" schalten sehr viel häufiger. Um dies zu vermeiden wurde die Kreisschaltung erfunden. Bei ihr wird beim Einschalten immer die Stufe geschaltet, die am längsten ausgeschaltet war, und beim Ausschalten die Stufe, die am längsten eingeschaltet war.

Um die Anzahl der Kompensationsstufen gering zu halten und dennoch eine feinstufige Regelung zu ermöglichen, wird häufig mit einer Kombination von kleinen Stufen für die Feinregelung mit großen Stufen für die hohe Leistung gearbeitet. Die Zahlen geben das Verhältnis der Stufengrößen an, z. B. 1:1:2:…:2 (z. B. 25 kvar + 25 kvar + n x 50 kvar), 1:2:4:4:4 (z. B. 12,5 kvar + 25 kvar + 3x 50 kvar).

Eine zusätzliche Verringerung der Anzahl der Schaltungen wird durch die „Direktschaltung" erreicht, die allerdings nur bei unterschiedlichen Stufengrößen funktioniert. Hier wird bei einer großen Änderung des Kompensationsleistungsbedarfes zunächst mit großen Stufen ausgeregelt und zum Schluß mit kleinen Stufen die Feinregelung durchgeführt. Diese Regelung wird üblicherweise mit einer Kreisregelung der Stufen gleicher Größe kombiniert.

Mit der Kreisschaltung werden die Schaltgeräte gleichmäßig genutzt. Die Nutzungsdauer bis zu notwendigen Verschleißreparaturen wird hierdurch verlängert.

Beim Regelverhalten gibt es zwei prinzipielle Varianten, die in Bild 3.16 dargestellt sind. Bei der „Grenzwertregelung" werden Stufen dann zugeschaltet, wenn die Last während der gesamten Schaltverzögerungszeit ununterbrochen einen entsprechenden Kompensationsbedarf hat. Bei der „integralen Regelung" werden Stufen entsprechend dem Mittelwert des Kompensationsbedarfes der Last während der Schaltverzögerungszeit geschaltet.

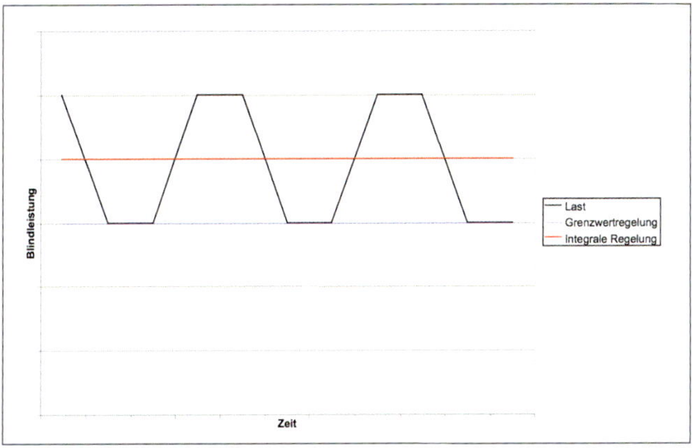

Bild 3.16: Regelprinzipien (Annahme: Schaltverzögerungszeit > 5 Einheiten)

Ein Grund für die Installation einer Blindleistungskompensationsanlage ist die Vermeidung von Kosten für Blindenergie, die anfallen, wenn der mittlere Verschiebungsfaktor einen vom energieliefernden Werk vorgegebenen Grenzwert unterschreitet.

Die integrale Methode bewirkt bei schnell veränderlichen Lasten eine wesentlich genauere Einhaltung des Sollwertes.

3.2.2 Installation und Inbetriebnahme

Bei der Installation von geregelten Kondensatoranlagen gibt es nur eine Abweichung von den üblichen Regeln und Maßnahmen, die für elektrische Anlagen gelten. Bei der Dimensionierung von Zuleitungen und Schutzgeräten (Sicherungen, Leistungsschalter) ist nicht der Nennstrom maßgebend, sondern ein größerer Wert, der sich aus dem zulässigen Überstrom und der Kapazitätstoleranz ergibt. Gemäß DIN EN 60831 [3.4] für Niederspannung (bzw. DIN EN 60871-1 [3.5] für Mittelspannung) müssen Kondensatoren dauernd 30% Überstrom führen können und dürfen eine Toleranz bis zu +10% vom Nennwert aufweisen. Dies ergibt einen zu berücksichtigenden Überstrom von $I_{\text{Dimensonierung}} = 1{,}43 \cdot I_{\text{Nenn}}$. Die entsprechenden Werte für die vorzusehenden Vorsicherungen werden von den Herstellern angegeben. Querschnitte für Zuleitungen in Herstellerangaben sind dagegen als Richtwerte anzusehen, da die stromabhängigen Mindestquerschnitte gemäß den entsprechenden Normen wie beispielsweise VDE 0276 Teil 603 [3.6] von der Art der Verlegung und vom Kabeltyp abhängen (siehe auch Kapitel 3.1.4).

Bei der ersten Inbetriebnahme gibt es ebenfalls nur wenige Besonderheiten. Der Regler muß an die jeweilige Anlage angepasst werden, da sowohl die Größe der Stufen, als auch das Übersetzungsverhältnis des für die Messung erforderlichen Stromwandlers von Anwendung zu Anwendung variieren können. Dieser sogenannte c/k-Wert (siehe auch Kapitel 3.1.5.1) kann berechnet werden mit Gleichung 3.3:

$$c/k = \frac{2}{3} \cdot \frac{Q_{Stufe}}{\sqrt{3} \cdot U_n \cdot \ddot{u}} \qquad \text{(Gleichung 3.3)}$$

Q_{Stufe} = Leistung der kleinsten Stufe
U_{n} = Netznennspannung am Einbauort des Stromwandlers
$\ddot{u}$ = Übersetzungsverhältnis des Wandlers

Der Faktor 2/3 bedeutet in diesem Zusammenhang, dass eine Stufe zugeschaltet wird, wenn 2/3 der Stufenleistung erforderlich sind (rote Kurve), um den gewünschten Soll-Verschiebungsfaktor zu erreichen (Bild 3.17). In der anderen Richtung wird eine Stufe erst abgeschaltet, wenn mit 2/3 der Stufenleistung überkompensiert wird (blaue Kurve). Durch diese Schalthysterese wird vermieden, dass bei kleinen Lastschwankungen um den Schaltpunkt herum ständig Stufen zu- und abgeschaltet werden.

Obwohl die meisten auf dem Markt erhältlichen Regler eine Selbstprogrammierfunktion haben ist es manchmal notwendig, den c/k-Wert manuell zu berechnen und einzugeben. Beispielsweise können starke Lastschwankungen dazu führen, dass die Selbstprogrammierung fehlschlägt. Bei Anlagen mit großem Wandlerübersetzungsverhältnis, z. B. bei mehreren parallelen Einspeisungen, sollte bereits im Vorfeld geklärt werden, ob die Ansprechempfindlichkeit des Reglers für die gewählte Stufengröße geeignet ist. Marktübliche Regler haben im allgemeinen einen Mindestwert von c/k = 0,05 A, höherwertige 0,02 A oder 0,01 A.

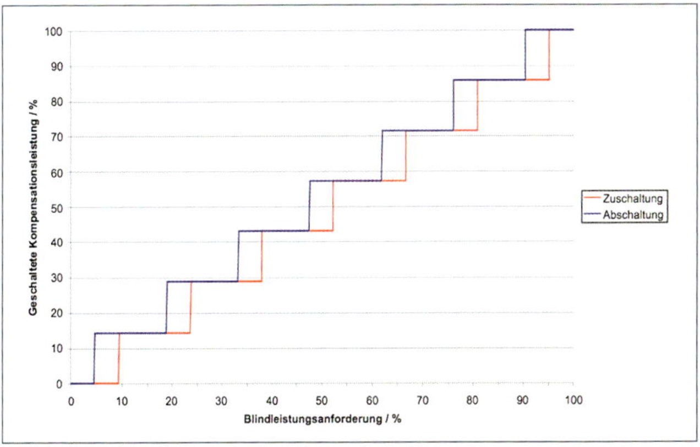

Bild 3.17: Schalthysterese am Beispiel einer zehnstufigen Regelanlage

Zwei weitere Werte, die für den Betrieb der Anlage wichtig sind, müssen ebenfalls vor Beginn des automatischen Betriebes einer Anlage eingegeben werden. Der eine ist der Soll-Verschiebungsfaktor, der von den Vorgaben des Energieversorgers und der Notwendigkeiten für die zu kompensierende Verteilung abhängig ist.

Der letzte wichtige Parameter ist die Schaltzeit. Bei schützgeschalteten Kondensatoren ist der tatsächliche Zuschaltzeitpunkt nicht steuerbar. Es könnte also passieren, dass ein Kondensator, der abgeschaltet und kurz danach wieder zugeschaltet wird, noch eine Restladung hat, die in Phasenopposition zum Netz liegt. Die einzugebende Schaltzeit soll einerseits die Entladung der Kondensatoren vor einer Wiederzuschaltung sicherstellen, andererseits dient diese Zeit auch dazu, dass nicht bei jedem kurzen Lastwechsel sofort Stufen geschaltet werden. Dies hätte nämlich einen Anstieg der Schaltspiele zur Folge hätte, was wiederum einen negativen Einfluß auf die Alterung der Anlage hat (siehe Kapitel 3.2.4.4). Typische Schaltzeiten für Niederspannungsregelanlagen liegen im Bereich von einer Minute, bei Mittelspannungsanlagen im Viertelstundenbereich.

Einige Regler auf dem Markt bieten einen Ausweg aus dem Dilemma, daß einerseits die Kondensatorentladung sichergestellt werden muß, andererseits aber eine schnelle Reaktion auf Lastwechsel gewünscht wird. An Stelle eines einzigen Parameters „Schaltzeit“ gibt es zwei oder drei Parameter. Der Parameter „Entladezeit“ bzw. „Wiederzuschalt-Sperrzeit“ hat Vorrang vor den kürzer wählbaren Parametern „Zuschaltzeit“ und „Abschaltzeit“. Bei mehrstufigen Anlagen, bei denen nicht alle Stufen eingeschaltet sind, kann sich bei einem Lastwechsel eine kurz vorher abgeschaltete Stufe weiter entladen, während eine bereits länger ausgeschaltete und daher vollständig entladene Stufe schon nach sehr kurzer Zeit zugeschaltet werden kann.

Andere Parameter, die bei einem Regler darüber hinaus möglicherweise eingegeben werden können oder müssen, sind gerätespezifisch und können den Geräteunterlagen entnommen werden.

Ohne Programmierung der Grundparameter funktioniert keine geregelte Blindleistungs-Kompensationsanlage.

Die häufigsten Probleme bei der Inbetriebnahme einer Blindleistungs-Regelanlage hängen mit dem Wandler zusammen. Stromwandler dürfen nie mit offenen Klemmen betrieben werden, daher gibt es in einem Wandlerkreis mitunter mehrere Stellen mit Kurzschlußbrücken. Normalerweise sollten diese Brücken nach dem Anschließen des Reglers geöffnet werden, dies wird aber gerne einmal vergessen. Ein weiterer häufiger Installationsfehler ist die Anordnung des Wandlers. Falls sich der Leistungsabgang für die Kompensation netzseitig vom Stromwandler befindet wird der Kompensationsstrom nicht erfasst und die Regelung kann nicht funktionieren.

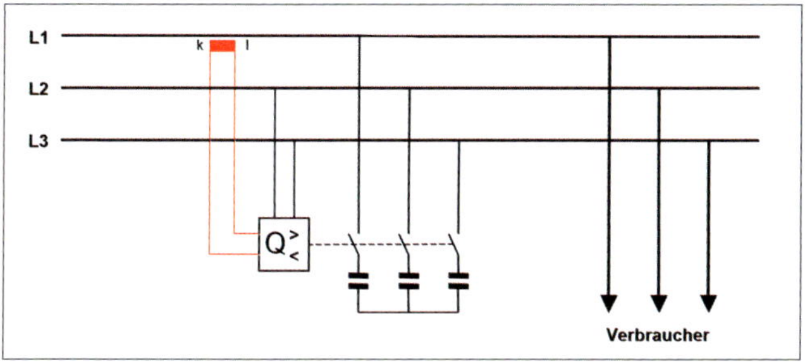

Bild 3.18: Meßanschlüsse

Die dritte Fehlermöglichkeit betrifft die Zuordnung der Meßanschlüsse. Die Strom- und Spannungsmessung für Dreiphasensysteme erfolgt, wie in Bild 3.18 dargestellt, üblicherweise mit der Strommessung in L1 und der Spannungsmessung zwischen L2 und L3, was einem Phasenwinkel von 90° bei rein ohmschen Lasten entspricht. Ein Vertauschen der Stromwandleranschlüsse (primärseitig K und L oder sekundärseitig k und l), Einbau des Wandlers in einer anderen Phase oder Abgriff der Spannung zwischen anderen Phasen führen zu einem anderen Bezugswinkel und somit zu falschen Werten für den Blindleistungsbedarf.

Der Einbauort des Wandlers kann im Allgemeinen nicht nachträglich geändert werden. Zur Korrektur können daher allenfalls die Spannungsmeßanschlüsse oder die Wandleranschlüsse am Regler geändert werden. Bei falscher Einbaurichtung des Wandlers ist die Lösung sehr einfach, es müssen nur die Wandleranschlüsse am Regler getauscht werden. Bei Einbau des Wandlers in einer anderen Phase müssen die Spannungsabgriffe entsprechend zyklisch vertauscht werden. Für Wandler in L2 erfolgt die Spannungsmessung zwischen L3 und L1 und für Wandler in L3 erfolgt die Spannungsmessung zwischen L1 und L3.

Bei modernen Reglern setzt sich mehr und mehr durch, dieses Problem entweder durch eine automatische Phasenlagenidentifikation oder über einen manuell zu programmierenden Parameter softwaremäßig zu lösen.

3.2.3 Betrieb und Wartung

Für den Einsatz von Kondensatoren hat der ZVEI - Fachverband Starkstromkondensatoren Sicherheitshinweise [3.7] veröffentlicht. Insbesondere am Ende der Kondensator-Lebensdauer und im Falle einer Überlastung des Kondensators sollen von Kondensatoren keine Gefahren für Anlagen und Anwender ausgehen. In diesen Sicherheitshinweisen werden u. a. Themen wie Risikofaktoren für den Kondensator, Risiken im Fehlerfall sowie die Risikominimierung durch fachgerechte Wartung behandelt. Wichtig ist, dass Kompensations-Kondensatoren nur innerhalb ihrer zugelassenen Spezifikation betrieben werden dürfen, d. h. grundsätzlich sind die Montage-, Applikations- und Wartungshinweise des Herstellers und die einschlägigen Normen zu beachten.

Auf folgende Punkte in den ZVEI–Sicherheitshinweisen soll hier auszugsweise hingewiesen werden:

- Kondensatoren dürfen zu keinem Zeitpunkt außerhalb der spezifizierten Temperaturbereiche gelagert und eingesetzt werden.
- Die Kondensatoren sind innerhalb der mindestens einmal jährlich durchzuführenden Wartung auch auf mechanische Veränderungen optisch zu überprüfen.
- In staub- und schmutzgefährdeter Umgebung ist eine häufigere Kontrolle und Wartung, insbesondere der Anschlussklemmen und Isolatoren, unbedingt erforderlich.

Zu den Wartungsarbeiten gehören die optische Überprüfung der Komponenten (z. B. ausgefallene Sicherungen), der elektrischen Kontakte (z. B. Anschlussteil, Schütze, Klemmen), sowie die Prüfung des festen Sitzes von Schraubverbindungen. Auch die Kühlung der Kondensatoren der Anlage und des Aufstellungsortes sollte überprüft werden (ausreichende Belüftung des Raumes, Zu- und Abluftöffnungen sind frei, evtl. vorhandene Filtermatten in Lüftungsgittern sind sauber). Die Umgebungstemperaturen sollten, wie in DIN EN 61439-1 [3.8] für Schaltanlagen spezifiziert, die Werte von 40°C kurzzeitig und max. 35°C im 24-Stunden-Mittel nicht überschreiten, falls vom Hersteller nicht anders angegeben.

Im Rahmen der Wartung sollten auch regelmäßig die Kapazitätswerte der einzelnen Phasen jedes Kondensators gemessen und protokolliert werden. Ein Vergleich der Messwerte über die Lebensdauer gibt Hinweise über den Alterungszustand der Kondensatoren.

Sicherheitshinweis:
Vor jeder Messung an einem Kondensator muß unbedingt sichergestellt werden, dass der Kondensator entladen ist. Bei einem Defekt der Entladevorrichtung kann ein Kondensator auch Tage nach dem Abschalten noch geladen sein.

Eine jährlich durchgeführte Kontrolle dient der Feststellung und Beurteilung des aktuellen Zustandes einer Anlage. Sie dokumentiert den Zustand und gibt eindeutige Empfehlungen, ob Instandsetzungsmaßnahmen erforderlich sind. Durch eine ordnungsgemäße Instandsetzung wird die einwandfreie Funktion einer Anlage wiederhergestellt. Dazu gehört auch eine abschließende Funktionsprüfung.

Der überwiegende Teil der Instandhaltung von Kompensationsanlagen wird in der Regel bei der Kontrolle und Wartung erledigt. In diesem Zusammenhang gilt der Hinweis, dass sich der Instandhaltungsprozeß in eine planmäßige und außerplanmäßige Instandsetzung gliedert. Auf weitere Vertiefung der Themen Instandhaltestrategien, -methoden und -planung soll hier verzichtet werden. Die Tabellen 3.3 bis 3.5 geben Beispiele der Instandhaltungsplanung bei Kompensationsanlagen.

Tabelle 3.3: Instandhaltungsplanung für Kontrollaufgaben

Lfd. Nr.	Kontrollaufgaben	Mängel
1	Beachtung der Herstelleranweisungen	
2	Besichtigung der Anlage (Betriebsmittel)	
3	Besichtigung des Aufstellungsraums	
4	Besichtigung der Be- und Entlüftung	
5	Besichtigung des Kabelendverschlusses, der Kabel und Leitungen	
6	Besichtigung auf Staubablagerung	
7	Besichtigung auf Beschädigung	
8	Besichtigung auf Korrosion, Schwitzwasser	
9	Besichtigung auf Dichtigkeit der Kondensatoren	
10	Besichtigung der Durchführungsbolzen	
11	Besichtigung der Schalter und Schützkontakte auf Abbrand	
12	Besichtigung der Klemmverbindungen (eventuell nachziehen)	
13	Richtige Absicherung?	
14	Richtige Reglereinstellung (cos φ_1, C/k-Wert)?	
15	Richtige Raumtemperatur?	
16	evtl. vorhandene Entladevorrichtung prüfen	
17	Kontrolle der Betriebsspannung (vor allem bei Schwachlast)	
18	Funktionsprüfung der Anlage	
19	Überprüfung der Blindenergiekosten-Einsparung (anhand der monatlichen EVU -Rechnung)	
20	Überprüfung des cos φ_1 mit Eintragung in ein Messprotokoll	
22	Messen der Stufenkapazitäten	
21	Erproben der Anlage	

Tabelle 3.4: Art der Instandhaltung

Lfd Nr.	**Instandhaltungstätigkeiten** Anlage: Blindleistungskompensationsanlage xy … V / .. Hz; … kvar, …% verdrosselt **Ort:**	**Datum**	**Unter-schrift**
1	Reinigung der Be- und Entlüftung		
2	Austausch der NH-Sicherungen		
3	Austausch des Raumthermostaten		
Siehe Mängelbericht:			

Tabelle 3.5: Meßprotokoll für Anlagenüberprüfung

Inspektions-Service
Blindleistungs-Kompensationsanlage

CONDENSATOR DOMINIT

Condensator Dominit

Blatt ___ / ___

Kundenanschrift	**Anlagenstandort**	**Typbezeichnung / Leistung**
Inspektions-Nr.		**Herstelljahr / AB-Nr.**

Schütz-Nr.	NH-Sicherung			Kompensation							Entladung			Schütz			Iso-Messung			Anmerkungen
unten links / oben rechts	i.O.	n.i.O.	Rep.	A / µF 1 / 1-2	A / µF 2 / 1-3	A / µF 3 / 2-3	Sollwert A / µF	i.O.	n.i.O	Rep.	i.O.	n.i.O.	Rep.	i.O.	n.i.O.	Rep.	i.O.	n.i.O.	Rep.	
1																				
2																				
3																				
4																				
5																				
6																				
7																				
8																				

	i.O.	n.i.O.	behoben
Regelfunktion			
Luftzufuhr			
SiP Anschlüsse			
Netzspannung			
Absicherung			
Zuleitung			

Einstellungen / Reglertyp
cos φ
c/k-Wert / SEnS
Zeit
Schaltfolge
verdrosselt Ja / Nein …… %

Dringende Maßnahmen sind:

- [ ] Siehe Bemerkungen
- [ ] Nicht erforderlich

Datum ______ Namen ______ Unterschrift ______

Bemerkungen

weitere Sicherheitshinweise:

- Die vom Hersteller angegebenen maximalen Temperaturen, Spannungen, Ströme, Leistungen, Blindleistungen, Frequenzen, Entladezeiten, thermische Widerstände und Schalthäufigkeiten sind unbedingt einzuhalten.
- Auf ausreichende Abführung der Verlustwärme (Belüftung, Kühlung und Einhaltung der Mindestabstände zu Wärmequellen) ist zu achten. Hier gilt folgender Hinweis: Eine Überschreitung der zulässigen Temperatur an der Kondensatorfläche kann zu Kondensatorschäden führen (Siehe Kapitel 3.2.4).
- Kurzzeitig oder periodisch auftretende Spannungserhöhungen, Überströme und hohe Einschaltströme, Flicker, Resonanzen durch Oberschwingungen sind Risikofaktoren für den Kondensator (Siehe Kapitel 3.2.4).
- Kurzzeitig oder periodisch auftretende Spannungserhöhungen, Überströme und hohe Einschaltströme, Flicker sowie Resonanzen durch Oberschwingungen sind Risikofaktoren für den Kondensator (Siehe Kapitel 3.2.4).
- Empfehlung des ZVEI: Kondensatoren nur mit entsprechenden internen Schutzeinrichtungen einsetzen. Externe Schutzmassnahmen sind beim Einsatz von Kondensatoren ohne interne Schutzeinrichtungen zwingend erforderlich.

3.2.4 Langzeitstabilität und Alterung

Kondensatoranlagen bestehen im Prinzip aus wenigen Grundkomponenten, nämlich Schutzgerät, Schaltgerät, Drossel (wenn vorhanden), Kondensator und Nebenkomponenten wie Steuerung, Lüfter, etc. Für die Langzeitstabilität dieser Anlagen sind im Wesentlichen die Kondensatoren entscheidend.

3.2.4.1 Einfluss der Umgebungstemperatur

Wie bereits im Abschnitt „Aufbau von Kondensatoren“ beschrieben führen unvermeidliche Fertigungstoleranzen zu Schwachstellen im Kondensator, die im Laufe der Nutzungsdauer zu Kapazitätsverlusten in Folge von Selbstheilungseffekten führen. Für Kondensatoren werden in den Datenblättern der Hersteller heutzutage oft Lebensdauerwerte von 100.000 und mehr Stunden angegeben. Diese Angabe ist als ein statistischer Wert anzusehen, es kann also durchaus zu frühzeitigen Ausfällen kommen. Von besonderer Bedeutung ist es, dass diese Angaben bei Nennbetrieb gelten, also bei Nennspannung und mittlerer Umgebungstemperatur von max. 35°C, falls nicht anders spezifiziert. Die Kondensatornormen DIN EN 60831 für Niederspannung (DIN EN 60871 für Mittelspannung) spezifizieren, dass Kondensatoren für gewisse Zeitdauern für den Betrieb mit Überspannung geeignet sein müssen. Ebenso ist gefordert, dass Kondensatoren mit 30% Überstrom betrieben werden können. Es ist jedoch an keiner Stelle gefordert und widerspräche auch den Gesetzen der Physik, dass eine derartige Überlast keinen Einfluß auf die Lebensdauer hat - Ganz im Gegenteil bewirkt der Betrieb mit Überlast eine deutliche Verkürzung der Kondensatorlebensdauer.

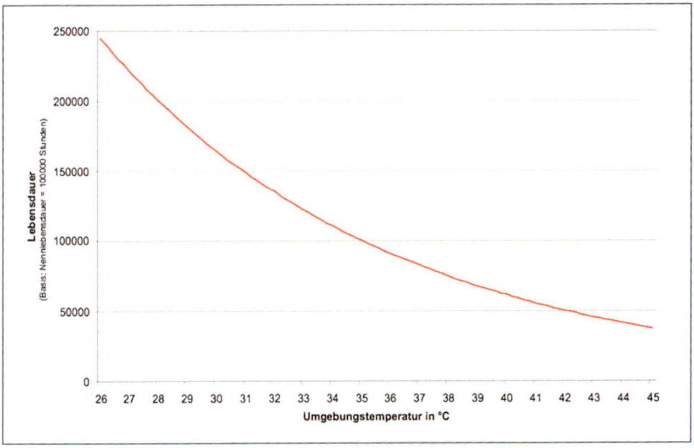

Bild 3.19: Kondensatorlebensdauer in Abhängigkeit von der Temperatur

In Bild 3.19 ist der Zusammenhang zwischen Lebensdauer und Temperatur am Beispiel eines Kondensators mit einer Bemessungs-Lebensdauer von 100.000 Betriebsstunden dargestellt. Die „Arrhenius-Gleichung“ beschreibt die Abhängigkeit der Geschwindigkeit einer chemischen Reaktion von der Temperatur. Diese Gleichung hat die Form:

$$k = A \cdot \exp\left(\frac{E_A}{R \cdot T}\right)$$

Die genaue Herleitung der Anwendung dieser Formel für die Kondensatorlebensdauer würde den Rahmen dieser Buchreihe sprengen. Für Kondensatoren ergibt sich im Bereich der Bemessungs-Betriebstemperatur, dass eine Temperaturerhöhung von 7 Grad eine Reduktion der Lebensdauer auf die Hälfte bewirkt.

Beim Betrieb von Kompensationsanlagen und Filterkreisen ist eine effektive Abfuhr der Verlustleistung (über-)lebenswichtig für die Kondensatoren.

3.2.4.2 *Einfluss der Betriebsspannung*

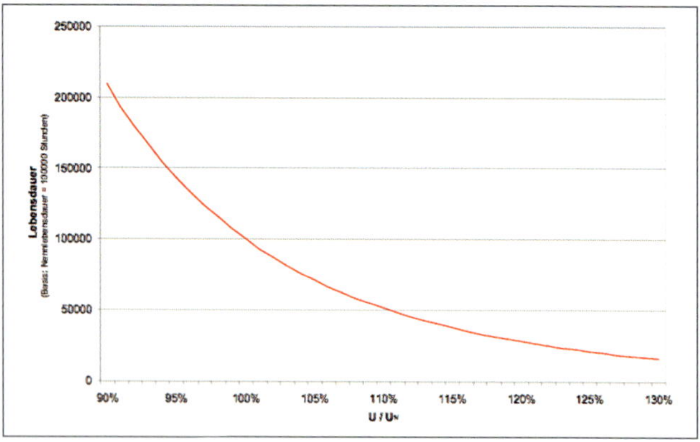

Bild 3.20: Kondensatorlebensdauer in Abhängigkeit von der Betriebsspannung

Bild 3.20 zeigt den Zusammenhang zwischen Lebensdauer und Betriebsspannung. DIN EN 60252-1 [3.9] beschreibt eine Methode zur Ermittlung der Lebensdauer von Leistungskondensatoren mit erhöhter Prüfspannung, hier werden die Prüfergebnisse mit einem „Beschleunigungsfaktor“ von $(U_{\text{Prüf}} / U_{\text{nenn}})^7$ multipliziert. Obwohl dieser Korrekturfaktor für Kondensatoren mit Papierdieelektrikum entwickelt wurde, die einen deutlich höheren Verlustfaktor aufweisen, als heute übliche Kunststofffolienkondensatoren, kann das Ergebnis qualitativ übertragen werden: Schon ein dauerhafter Betrieb mit 10% Überspannung bedeutet bereits eine drastische Verkürzung der Lebensdauer.

Sind Kondensatoranlagen für dauerhaften Betrieb im Bereich der Plustoleranz der Nennspannung vorgesehen sollten die Kondensatoren entsprechend der tatsächlich vorgesehenen Betriebsspannung ausgelegt werden.

3.2.4.3 Einfluss des Verdrosselungsgrades

Bei verdrosselten Kompensationsanlagen hat auch der Verdrosselungsgrad einen Einfluß auf die Alterung. Für die Simulationen wurde ein einfaches Oberschwingungsspektrum mit $U_1 = U_{\text{nenn}}$, $U_5 = 5\%\ U_{\text{nenn}}$ und $U_7 = 3\%\ U_{\text{nenn}}$ angenommen.

In den Bildern 3.21 bis 3.23 sind für verschiedene Verdrosselungsgrade eines Kondensators der Grundstrom, die beiden Oberschwingungsströme und der Effektivstrom separat dargestellt. Es zeigt sich, daß schon im Neuzustand die Oberschwingungsbelastung bei kleinen Verdrosselungsgraden signifikant höher ist, als bei höheren. Der Induktivitätsverlust bei Drosseln kann vernachlässigt werden, daher bedeutet Alterung Kapazitätsverlust und somit eine Veränderung der Abstimmfrequenz, die sich nach oben verschiebt. Als Folge davon verringert sich zwar der Grundstrom, aber die Oberschwingungsströme werden größer, da sich der aus Drossel und Kondensator gebildete Serien-Schwingkreis der Resonanz mit der 5. Harmonischen (250 Hz) bzw. der 7. Harmoni-

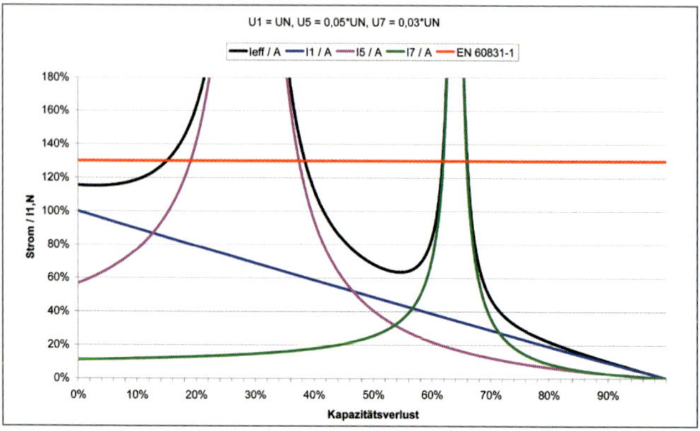

Bild 3.21: Einfluß des Kapazitätsverlustes bei 5,67% Verdrosselung

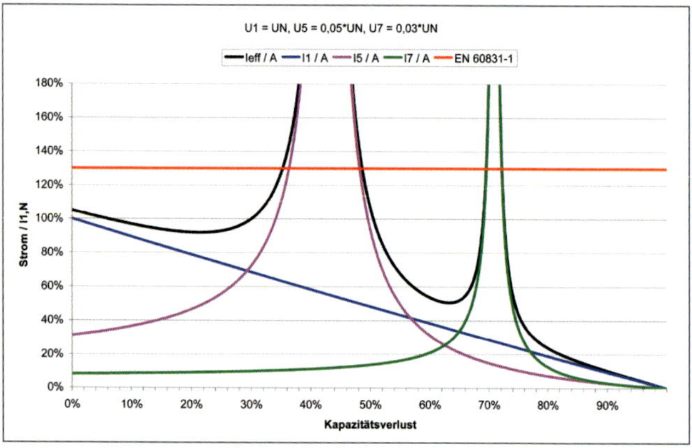

Bild 3.22: Einfluß des Kapazitätsverlustes bei 7% Verdrosselung

schen (350 Hz) annähert. Bei einer Verdrosselung von 5,67% ergibt sich insgesamt, daß der Effektivstrom bei Kapazitätsverlust ansteigt. Das bedeutet aber wiederum, dass die Verlustleistung steigt und somit die Temperatur im Inneren des Kondensators ansteigt, was die Alterung beschleunigt.

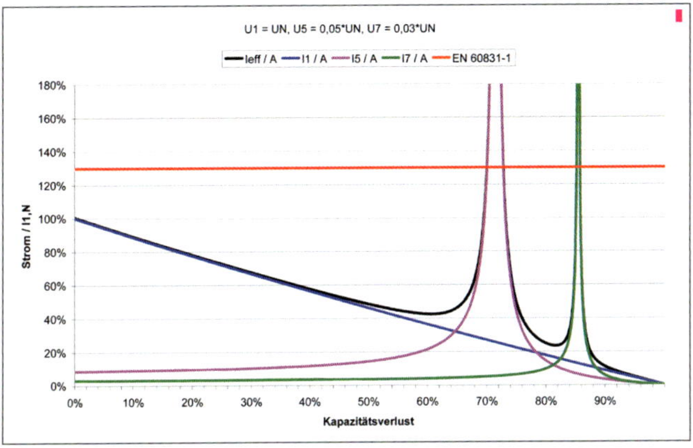

Bild 3.23: Einfluß des Kapazitätsverlustes bei 14% Verdrosselung

Ein Verdrosselungsgrad von 7% ist die sinnvollste Wahl, falls keine Rundsteuerfrequenzen unter 250 Hz zu berücksichtigen sind und keine außergewöhnlich hoher Anteile oberschwingungserzeugender Lasten vorliegt.

Die Fortführung der Rechnung für den Kapazitätsverlust über die erste Resonanzstelle hinaus hat für einen Kondensator keinen physikalischen Sinn, da dieser bei der Resonanz ausfällt. Verdrosselte Kompensationsstufen werden jedoch häufig in der Form ausgeführt, dass mehrere Einzelkondensatoren hinter einer Drossel parallelgeschaltet werden. Der Ausfall eines dieser parallelen Kondensatoren führt zu einer sprunghaften Veränderung der Stufenkapazität. Fällt beispielsweise bei einer Verdrosselung von 5,67% einer von zwei Kondensatoren aus so wird die Resonanzstelle „übersprungen". Der verbleibende Kondensator hat nur den halben Nennstrom wie die (rechnerisch mit 70% belastete) Stufe, wird in diesem Fall also mit 140% seines Nennstromes belastet, was den Normgrenzwert von 130% deutlich überschreitet. Bei einer Verdrosselung von 7% ergibt sich beim Ausfall eines von zwei Parallelkondensatoren eine noch weitaus höhere Überlast. Bei einer hohen Verdrosselung – 14% und 12,5% verhalten sich hier nahezu gleich – bleibt ein derartiger Ausfall unkritisch.

Eine analoge Betrachtung für den Ausfall eines von drei parallelen Kondensatoren führt zu ähnlichen Ergebnissen. Bei 5,67% fällt die Stufe mitten in die Resonanzstelle, bei 7% ergibt sich ein Kondensatorstrom von 170% des Nennstromes, lediglich bei hoher Verdrosselung bleibt auch in diesem Fall der Kondensatorstrom unterhalb des Nennstromes.

Die Simulationen gingen von einer symmetrischen Last aus, bei der Kondensatoren weder in Dreieckschaltung, noch in Sternschaltung mit der dritten Harmonischen belastet werden. Sind jedoch In einem Netz einphasige Oberschwingungserzeuger ungleichmäßig über die drei Phasen verteilt angeschlossen, so ist auch die dritte Harmonische wirksam. Bei niedrigen Verdrosselungsgraden ist die Auswirkung hiervon sehr gering, da sich bei Kapazitätsverlust die Resonanzfrequenz erhöht. Bei den marktüblichen hohen Verdrosselungsgraden von 12,5% und 14% ist dies anders. In beiden Fällen liegt die Eigenfrequenz unterhalb von der dritten Harmonischen (150 Hz bei 50 Hz Grundfrequenz), bei 12,5% sind dies 141 Hz und bei 14% 134 Hz. Bei Kapazitätsverlusten und vorhandener dritter Harmonischer „wandert“ die verdrosselte Stufe in Resonanz und es ergibt sich wiederum eine Überlastsituation.

Bei Parallelschaltung von wenigen Kondensatoren hinter einer Drossel ist davon auszugehen, daß abhängig von Verdrosselungsgrad und den im Netz vorhandenen Oberschwingungen beim Ausfall eines Kondensators die anderen Kondensatoren überlastet werden. Das bedeutet auch, dass im Servicefall bei einer solchen Stufe auch die möglicherweise laut Kapazitätsmessung noch intakten Kondensatoren aufgrund der Vorschädigung ebenfalls vom Netz genommen werden sollten.

3.2.4.4 Einfluss der Schalthäufigkeit

Ein anderer bedeutender Einfluß auf die Alterung von Kondensatoranlagen wird durch die Schalthäufigkeit bestimmt. Im überwiegenden Teil aller Anlagen werden elektromechanische Schaltschütze verwendet. Wie in Kapitel 2.5 erläutert entsteht bei jedem Einschaltvorgang ein Einschaltstoßstrom, der gegenüber dem Dauerbetrieb eine erhöhte Belastung des Kondensatordielektrikums bedeutet. Da hier viele Faktoren (wie z. B. Schaltzeitpunkt, Anzahl paralleler Kondensatoren am Netz, Netzimpedanz, u.v.a.m.) eine Rolle spielen, lässt sich der Einfluß der Schalthäufigkeit auf die Alterung der Kondensatoren nicht in Zahlen fassen. Die in der DIN EN 60831 genannte Anzahl von maximal 5000 Schaltspielen im Jahr für Niederspannungsanlagen (1000 gemäß DIN EN 60871 für Mittelspannung) sollte jedoch nicht überschritten werden. Im Hinblick auf die Alterung müssen Kondensatorschütze aufgrund der Einschaltimpulse anders gesehen werden, als normale Schütze. Für Niederspannungs-Kondensatorschütze liegt die Nennlebensdauer im Allgemeinen im Bereich von 100.000 Schaltspielen, was eine Größenordnung unter der Lebensdauer von Motorschützen liegt, deren Lebensdauer in Millionen Schaltspielen angegeben wird.

3.3 Kosten von Kondensatoranlagen

3.3.1 Auslegung und Kosten einer Kondensatoranlage

Genau wie andere Investitionen in der Industrie werden auch Investitionen in Maßnahmen der Netzqualität nur dann getätigt, wenn dies zur Funktion des Betriebes notwendig ist, wenn Vorschriften eingehalten werden müssen oder dies einen finanziellen Vorteil bietet.

In diesem Abschnitt werden nur die finanziellen Aspekte die sich aus der Verbesserung der Netzqualität ergeben behandelt

Als einfaches Kriterium zur Auslegung einer Blindstromkompensations (BSK) Anlage kann man folgende Daumenregel heranziehen. Wenn nicht auf Grund von Messungen oder aus anderen Quellen genauere Bedarfe feststehen, sollte eine Blindstromkompensation zwischen 30% und 50% der Trafoleistung haben. Für die weiteren Untersuchungen gehen wir ab jetzt immer von einer mit 7% verdrosselten Anlage aus. Unverdrosselte Anlagen sind nicht mehr Stand der Technik, da die zunehmende Oberschwingungsbelastung der Netze eine solche Einfachanlage nicht zulässt. Höhere Verdrosselungen als 7% sind nur in besonders belasteten Netzen oder bei entsprechenden Rundsteuerfrequenzen nötig. Siehe hierzu auch die ausführlichere Darstellung zur Wahl der Verdrosselung in Kapitel 2.4.

Für einen typischen Industrietrafo mit 630 kVA führt dies zu einer Auslegeleistung von ca. 200 bis 300 kvar. Fast alle Hersteller bieten als Standard eine 300-kvar-Anlage in einem 600 mm breiten Schaltschrank an. Eine geringere Leistung ist nicht wesentlich günstiger, da ein Teil des Schrankes leer bleibt, eine höhere Leistung führt entweder thermisch zu einem suboptimalen Schaltschrankdesign oder zu weiteren Schränken, was zu unverhältnismässigen Mehrkosten führt. Die Stufenleistung pro Schaltstufe sollte nicht grösser als 10% der Nennleistung des Transformators sein, auf der anderen Seite ist es meist sinnlos die Leistung kleiner als 15-20% der Kompensationsleistung zu wählen.

Eine typische Anlage für diesen Fall wäre also zum Beispiel eine CLMX-400/50-6x50-L070 der Firma Condensator Dominit mit einer Gesamtleistung 300 kvar in 6 Stufen mit 7% Verdrosselung für ein 400 V / 50 Hz Netz.

Der Marktpreis für den Endkunden einer solchen Anlage liegt bei rund 6000 Euro für die Anlage und ca. 1500 Euro für die Installation und die Inbetriebnahme. Als Daumenregel kann man also davon ausgehen, dass 25 Euro/kvar für eine Kompensationsanlage veranschlagt werden müssen. (Für Mittelspannungsanlagen sind 25 Euro/kvar ebenfalls eine sinnvolle Daumenregel, allerdings sollte hier unbedingt ein Budgetangebot vom Lieferanten eingeholt werden, da wegen baulicher Maßnahmen oder aus anderen Gründen hier zum Teil erhebliche Abweichungen möglich sind.)

Folgende Dinge führen zu höheren Kosten, die nur dann sinnvoll sind, wenn dies in dieser Applikation notwendig ist.

a.) Wahl zu kleiner Stufen
b.) Wahl einer Verdrosselung grösser 7%
c.) Mechanische Sonderbauformen
d.) Erhöhte Anforderungen an die thermischen Bedingungen
e.) Erhöhte Anforderungen an die Schutzart (z.B. IP54)

Zu a.) In der gutgemeinten Absicht eine besonders gute Regelung der Kompensation zu erreichen werden häufig Stufen ausgeschrieben, die kleiner als 50 kvar sind. In manchen Ausschreibungstexten finden sich sogar Stufenleistungen von weniger als 10 kvar bei Gesamtleistungen von einigen Hundert kvar. Sollten keine besonderen Gründe dafür vorliegen ist aus folgenden Gründen davon abzuraten. Die Kosten pro Stufe für Schalter, Entladeeinrichtung, mechanischen Aufbau und Montage sind bei Stufen kleiner als 25 kvar fast unabhängig von der Größe und treiben die Kosten in die Höhe. Eine zu kleine Stufung erhöht die Schalthäufigkeit und kann die Lebensdauer der Schütze verringern.

Zu b.) Wenn in einem Netz die Oberschwingungsbelastung sehr hoch ist oder wenn auf Grund von noch zu erwartenden Netzveränderungen mit einer solchen zu rechnen ist, sind Verdrosselungen von 12,5 oder 14% notwendig. Falls die Rundsteuerfrequenz des EVU unter 250 Hz liegt ist ebenfalls eine hohe Verdrosselung oder ein Kombinationsfilter notwendig. Allerdings treiben höhere Verdrosselungsgrade die Verluste der Drossel nach oben und erhöhen damit zum einen die Wirkverluste der Kompensation und verlangen zum anderen nach einer verbesserten thermischen Auslegung des Schaltschranks. Bevor man also eine teurere Drossel mit höheren Verlusten in einen dann teureren Schrank einsetzt sollte man prüfen ob dies immer notwendig ist. Niedrigere Verdrosselungen, wie zum Beispiel 5,67%, bieten keinen Kostenvorteil, außerdem ist aufgrund der höheren zu erwartenden Oberschwingungsbelastung davon klar abzuraten (siehe hierzu Kapitel 3.2.4.3).

Zu c.) Bei flexiblen Lieferanten kann man heute Schaltschränke in allen Formen und Farben beziehen, aber es ist offensichtlich, dass Sonderbauformen und Farben Geld kosten. Ein guter Planer kann hier bereits im Planungsstadium dem Kunden Geld sparen in dem er versucht diese Dinge zu vermeiden.

Zu d.) Eine Aufstellung der Kompensation in Räumlichkeiten mit erhöhter Umgebungstemperatur oder schlechter Belüftung verlangt eine Auslegung der Kompensation unter verschärften Bedingungen, dies verlangt eine Herabsetzung der Leistungsdichte, mehr Aufwand für Belüftung usw. Auch dies treibt die Kosten unnötig in die Höhe.

Zu e.) Während bei Leistungsschaltern und andere Bauelementen einer Schaltanlage eine erhöhte Schutzart meistens ohne allzu große Mehrkosten realisiert werden kann führt dies bei einer Kompensationsanlage im Gegensatz nahezu immer zu erheblichen Mehrkosten. Bei einer Kompensation sind aus dem Schaltschrank mindestens 4 W pro kvar geschalteter Kompensationsleistung abzuführen. Wenn man jetzt beispielsweise die Schutzart von IP21 auf IP54 erhöht bedeutet dies einen erheblichen Mehraufwand für Kühlung, eine Verringerung der Lebensdauer der Kondensatoren und erhöhten Wartungsaufwand durch den Wechsel der Filtermatten. Dort wo eine solche Schutzart nötig ist, sollte sie gewählt werden, wenn sie aber vermieden werden kann spart dies Kosten und Aufwand.

3.3.2 Einsparung durch Reduktion von Blindarbeitskosten

Die Musterfirma sei ein Industriebetrieb mit einer mittleren Leistung von 500 kW, einem durchschnittlichen cos φ_1 von 0,7 und 4000 Stunden im Jahr Einsatzdauer. Der Energieversorgungstarif gestattet 50% der Wirkarbeit als Blindarbeit kostenlos zu beziehen. Dies entspricht ungefähr einem geforderten cos φ_1 von 0,9.

Um auf einen cos φ_1 von 0,9 zu kommen ist eine Kompensationsleistung von 270 kvar nötig. Entsprechend der vorherigen Aussagen wählen wir eine 6-stufige Anlage mit 300 kvar.

Die Stromabrechnung:

Arbeit	1.600.000 kWh
Blindarbeit	1.635.526 kvarh
Blindarbeit frei	800.000 kvarh
Blindarbeit zu bezahlen	835.526 kvarh

Bei Blindarbeitskosten von ca. 1 Cent pro kvarh ergibt sich mit einer Investition von 7500 € eine jährliche Einsparung von 8355 €.

Wäre der cos φ_1 vorher bereits 0,8 gewesen würde sich die jährliche Einsparung auf ca. 4000 € reduzieren, die Zeitdauer für das Return of Investment wäre aber immer noch sehr interessant, selbst bei einem unkompensierten cos φ_1 von 0,85 bleibt eine Einsparung von 2200 € im Jahr.

3.3.3 Einsparung durch Reduktion von Wirkarbeitskosten

Die Musterfirma habe einen Transformator mit 800 kVA im Einsatz. Die Verluste im Transformator und den Zuleitungen können bei einer mittleren Scheinleistung von 572 kVA mit 10 kW angenommen werden. Durch die Kompensation lassen sich die Leitungs- und Transformatorverluste um ca. 3 kW absenken. Wenn man davon die Eigenverluste der Kompensation mit im Mittel ca. 0,8 kW abzieht bleibt eine Einsparung von 2,2 kW. Dies macht bei den angenommen 4000 Stunden im Jahr eine Verlustarbeit von 8800 kWh. Dies entspricht einer ungefähren zusätzlichen Einsparung von 1000 € pro Jahr.

3.3.4 Einsparung durch Reduktion der Leistungsspitze

Die meisten Firmen zahlen zwischen 20 und 40 € pro kVA für die bereitgestellte Leistungsspitze. In unserer Musterfirma lässt sich bei einem angenommenen cos φ_1 von 0,7 die Leistungsspitze mit Hilfe einer Kompensation von 300 kvar um 173 kVA senken (Der genaue Wert hängt natürlich vom tatsächlichen Stromverlauf ab.) Es kann also die Leistungsspitze bzw. die bereitgestellte Leistung um ca. 170 kVA und damit um 3400 bis 6800 € gesenkt werden. Auch hier ist ein erhebliches Einsparungspotential gegeben. Dies verlangt aber eine genaue Einzelfallanalyse.

3.3.5 Einsparung durch verringerte Investitionskosten

Den unmittelbarsten und grössten Nutzen durch den Einbau einer Kompensationsanlage hat man dann, wenn dadurch andere meistens wesentlich teurere Investitionen vermieden werden oder verbilligt werden können. Wie groß diese Einsparung sein kann wird hier noch einmal an Hand der Erweiterung unserer Musterfirma dargestellt.

Installierte Wirkleistung	500 kW
Leistungsfaktor cos φ_1	0,7
Transformatorleistung	800 kVA
Installierte Scheinleistung	714 kVA

Die Wirkleistung nach Erweiterung sei geplant mit 700 kW. Bei gleich bleibendem cos φ_1 ergibt sich dann eine Scheinleistung von 1000 kVA, also eine Trafobelastung von 125%. Für einen weiteren Trafo mit entsprechendem Netzausbau kann man ruhig 30.000 € veranschlagen.

Mit dem Einbau einer Blindstromkompensation von 400 kvar lässt sich die Scheinleistung wieder auf unter 800 kVA reduzieren.

Es steht also einer Investition von 30.000 € eine Investition von ca. 10.000 € gegenüber. Die Einsparungen bei den Blindarbeitskosten und die gesenkten Kosten für Wirkenergie sind ein Zusatznutzen.

3.3.6 Einsparung durch Verringerung der Anschlusskosten

Die Vorhalteleistung als Leistungsbedarf des Geschäftskunden (hier Sondervertragskunde) dient dem Netzbetreiber (meist) zur Festlegung der Anschlusskosten und/oder zur Ermittlung der Baukostenzuschüsse. Sie wird in der Regel in kVA angegeben und somit ist der mittlere cos φ_1 zu berücksichtigen.

Für den Beispiel-Industriekunden ist die Vorhalteleistung beim Netzbetreiber zu bestellen. Der Netzbetreiber ermittelt in diesem Fall den Baukostenzuschuss und hält die Leistung (in kVA) dem Industriekunden jederzeit vor. Die zu erwartende maximale Leistungsinanspruchnahme beträgt 500 kW. Bei einem mittleren cos φ_1 = 0,65 ergibt sich folgender Baukostenzuschuss (Tabelle 3.6):

Tabelle 3.6: Senkung des Baukostenzuschusses durch Blindleistungskompensation

	Ohne Kompensation		**Mit Kompensation**
Maximale Wirkleistung P_{max}	500 kW		500 kW
Mittlerer cos φ_1	0,65		0,90
Installierte Scheinleistung $S = P_{max}$ / cos φ_1	770 kVA		556 kVA
Spezifischer Baukostenzuschuß 35 € / kVA	26.950 €		19.460 €
Einsparung beim Baukostenzuschuß			
$BKZ_{\text{ohne Kompensation}} - BKZ_{\text{mit Kompensation}}$		**7.490** €	

Die Blindleistungskompensation führt (abgesehen von der Netzqualitätssicherung beim Kunden durch Einsatz von Filterkreisen) zur Verbesserung der Wirtschaftlichkeit von elektrischen Anlagen.

3.3.7 Beispiele aus der betrieblichen Praxis

Um zu zeigen, dass die obigen Beispiele der Musterfirma realistisch sind hier 3 Beispiele aus der betrieblichen Praxis der Firma Condensator-Dominit.

3.3.7.1 Die klassische Kompensation

Die Jahresabrechnung des Kunden zeigte folgenden Verlauf. Für Blindstrom musste pro kvarh ein Preis von einem Cent entrichtet werden. Bis zu einem tan φ von 0,5 war der Bezug von Blindstrom kostenfrei. Ein tan φ von 0,5 bedeutet, dass der Blindleistungsbezug bis zu 50% der Wirkleistung sein darf.

Tabelle 3.7: Beispiel einer Blindarbeitsrechnung

Rechnung	P_H/kWh	Q/kvarh	Q zu bezahlen	P_{Max}/kW	cos φ_1	Q_{Komp}/kvar
Januar	34557	31977	14698	163,5	0,73	78,3
Februar	33541	30105	13334	181,5	0,74	80,9
März	33971	30843	13857	201	0,74	90,7
April	37408	34048	15344	185,5	0,74	84,8
Mai	23983	23022	11030	173	0,72	88,3
Juni	28613	26571	12264	171,5	0,73	82,3
Juli	30700	28780	13430	175	0,73	85,3
August	20849	19563	9138	163	0,73	80,2
September	22739	20432	9062	180,5	0,74	80,7
Oktober	22961	20070	8589	184	0,75	77,6
November	20273	17601	7464	153,5	0,76	65,3
Dezember	19213	17446	7839	164,5	0,74	75,9
Total	**328808**	**300453**	**136049**			

Der Kunde bestellte eine Anlage mit einer Verdrosselung von 7% und einer Abstufung von 8 Stufen a 12,5 kvar. Mit Installation hat der Einbau der Anlage ca. 3000 Euro gekostet, was einem Return of Investment von 2,5 Jahren entspricht. Ob an dieser Stelle eine Anlage mit einer Stufung von 12,5 kvar oder 25 kvar besser geeignet ist kann man ruhig als Geschmackssache betrachten.

3.3.7.2 Anlage in einem Chemieunternehmen

Ein Betrieb der chemischen Zulieferindustrie hat einen jährlichen Verbrauch von ca. 5,6 Millionen kWh. Aufgrund besonderer Vertragsbedingungen hatte die Firma in der Vergangenheit einen Tarif bei dem der Blindstrombedarf nicht bezahlt werden musste. Bei der Neuverhandlung des Tarifs wurde dies aber berücksichtigt. Der Betrieb bezog ca. 5 Millionen kvarh. Es wurden 2,4 Mvar Kompensationsleistung in verschiedenen Trafostationen installiert, mit der Installation kam es zu Gesamtkosten von rund 70.000 Euro.

Demgegenüber stehen Einsparungen in Höhe von 22.000 € bis 25.000 € pro Jahr für Blindstromkosten und eine Reduktion der Netzverluste insgesamt um ca. 50.000 kWh Wirkleistung. Dies führt zu einer Einsparung von weiteren ca. 5000 Euro. Das Return of Investment liegt bei ca. 2 bis 3 Jahren. Die Maßnahme wurde von einem Mitarbeiter des Unternehmens im Rahmen des betrieblichen Vorschlagswesens angeregt und eingeführt.

Nicht beziffern lässt sich in diesem Zusammenhang der zusätzliche Vorteil durch die Entlastung von Schaltelementen, die erhöhte Redundanz und die erhöhte Verfügbarkeit der Anlagen und die Reduktion der Oberschwingungen.

3.3.7.3 Eine Krananlage

Am Ende einer längeren Kabelstrecke wird in einem Industriebetrieb ein Lastenkran mit einer Motorleistung von 4,2 MW betrieben. Unmittelbar neben dem Motor stehen 2 Transformatoren mit jeweils 3 MW. Der Lastenkran hat einen Zyklus von ca. 75 s: 45 s Last, 30 s Pause. Der cos φ_1 bewegt sich dynamisch zwischen 0,1 und 0,7. Im Rahmen des weiteren Ausbaus des Werkes soll in diesem Werksbereich weiter investiert werden.

Der Ausbau der Kabelstrecke und die Investition in weitere Transformatoren würde ca. 500.000 Euro kosten. Der Einbau einer dynamischen Mittelspannungskompensation mit 6 Mvar ließ sich für unter 400.000 Euro realisieren, die Blindstromkosten ließ sich um 60.000 Euro reduzieren, die Wirkleistungsverluste in Trafo und Kabelstrecke ließen sich um 40.000 Euro reduzieren. Mit einer Investition von 400.000 Euro in Maßnahmen der Netzqualität, statt 500.000 in Infrastruktur lässt sich eine zusätzliche jährliche Einsparung von 100.000 Euro erreichen. Obwohl eine dynamische Lösung im Bereich der Mittelspannung zu den hochwertigen und teuren Lösungen zählt ist sie in diesem Fall für den Kunden eine hochrentable Lösung.

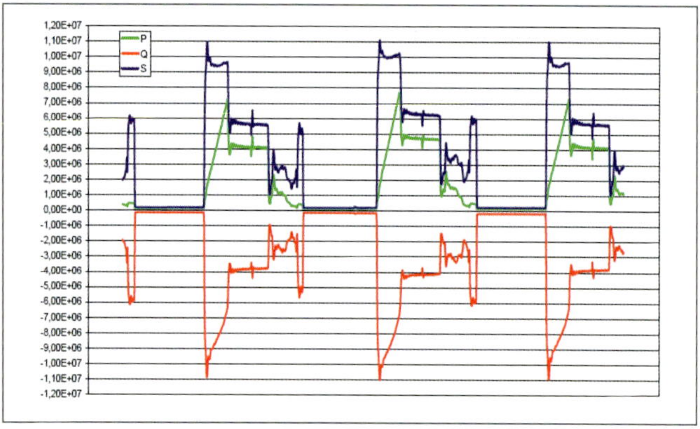

Bild 3.24: Netzbelastung des 4.2 MW Kranes unkompensiert

Aus der Aufzeichnung der Leistung in Bild 3.24 lässt sich erkennen, dass die Scheinleistungsspitze bis auf 10 MVA hochgeht.

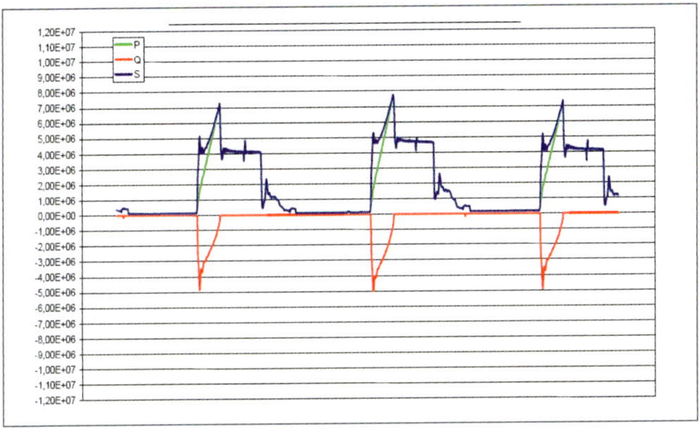

Bild 3.25: Netzbelastung des 4.2 MW Kranes mit 6 kvar kompensiert

Durch eine schnelle dynamische Kompensationsanlage mit Thryristorsschaltung konnte die Scheinleistungsspitze wie in Bild 3.25 gezeigt um ca. 40% verringert werden und ist fast deckungsgleich mit der Wirkleistungsspitze.

Nicht oder nur schwer quantifizieren lässt sich der finanzielle Vorteil durch die erhöhte Betriebssicherheit der Anlage und der verbesserte Motoranlauf durch die stabilere Spannung.

3.4 Umwelt- und Klimaschutz

3.4.1 Hinweise für Kondensatoren mit PCB-haltiger Füllung

PCB ist eine Abkürzung und heißt „Polychlorierte Biphenyle". Diese sind sehr stabile Verbindungen. PCB sind meistens klare (gelbliche) Flüssigkeiten und je nach Chlorierungsgrad dünn- bzw. zähflüssig. Sie sind thermisch und chemisch äußerst beständig, nahezu unbrennbar und kaum wasserlöslich.

PCB-haltige Isolieröle wurden unter anderem bei Kondensatoren wegen der guten dielektrischen und flammwidrigen Eigenschaften als Isoliermittel eingesetzt. Es ist bekannt, dass die weitere Verwendung von PCB aus ökologischen und toxikologischen Gründen sowie aus Gründen der mangelhaften Entsorgung bedenklich ist und daher ein Umweltproblem darstellt. Da PCB-haltige Elektroisolierflüssigkeiten u. U. erhöhte Konzentrationen an Polychlor- Dibenzodioxine /Polychlor-Dibenzofurane (PCDD/PCDF) enthalten können, sind besondere Schutzmaßnahmen beim Umgang mit PCB zu beachten.

Die Hersteller von Kondensatoren in Deutschland haben seit 1982 auf den Einsatz von PCB verzichtet, da Ersatzstoffe mit annähernd gleichen dielektrischen Eigenschaften auf den Markt kamen. Im Jahr 1989 wurde die Verwendung von PCB in Deutschland bis auf wenige Ausnahmen grundsätzlich verboten. PCB-haltige Kondensatoren dürfen seit dem Jahr 2000 nicht mehr eingesetzt werden und alte Einheiten mussten bis zum 31.12.2010 entsorgt werden.

Da es aber dennoch ab und an vorkommt, daß Kondensatoren nicht eindeutig als PCB-frei identifiziert werden können, z. B. bei ausländischen Herstellern, nicht mehr existierenden Firmen oder Unlesbarkeit der Daten, müssen diese wie PCB-haltige Kondensatoren behandelt werden. Für diese Sonderfälle sei hier auf das entsprechende Merkblatt des ZVEI Fachverbandes Starkstromkondensatoren [3.10] verwiesen.

3.4.2 Klimaschutz durch Steigerung der Energieeffizienz

Die elektrische Energietechnik umfasst den weiten Bereich der Erzeugung elektrischer Energie mit anschließender Übertragung und Verteilung sowie der effizienten Nutzung und Wandlung in die jeweilige Nutzenergie. Eine sichere, zuverlässige und umweltverträgliche Elektroenergieversorgung ist Grundvoraussetzung für den wirtschaftlichen Erfolg Europas im Zeitalter der Globalisierung. Kraftwerke und Netze müssen sorgfältig geplant und wirtschaftlich betrieben werden. Dieses gilt dabei für eine typische Betriebsdauer von mehreren Jahrzehnten und unter Berücksichtigung einer Komplexität von Millionen von Betriebsmitteln und einer hohen Leitungsstruktur, alleine nur in Deutschland[1)].

Die Einbindung zunehmend steigender Anteile regenerativer Energiequellen erfordert u. a. flexiblere konventionelle Kraftwerke, Netze und Speichermöglichkeiten, um die teilweise stark fluktuierende Energieeinspeisung bedarfsgerecht auszugleichen. Diese gilt insbesondere für die Einbindung der Windenergie.

Die Elektroenergieversorgung steht heute vor großen Herausforderungen wie der Endlichkeit fossiler Energieträger bei weltweit wachsender Nachfrage und insbesondere der Auswirkungen des Klimawandels. Effiziente Energienutzung und Umweltschutzfragen sind eng miteinander gekoppelt. Seit den neunziger Jahren gewinnt die zunehmende Klimaerwärmung durch den Anstoß von Treibhausgasen zunehmende Bedeutung in der energiebezogenen Umweltdiskussion.

Die europäische und deutsche Politik haben zum Ziel, bis 2020 die Emission im Vergleich zu 1990 um mindestens 30% zu senken. Gleichzeitig hat sich die nationale Politik zum Ziel gesetzt, die Energieproduktivität bis 2020 im Vergleich zu 1990 zu verdoppeln. Wichtige Zielsetzungen der europäischen und deutschen Politik sind u. a. Schonung der Ressourcen und Steigerung der Energieeffizienz. Die Kommission der Europäischen Gemeinschaften hat in diesem Zusammenhang das Grünbuch über Energieeffizienz veröffentlicht [3.11]. Hierin sind alle Ebenen der Gesellschaft aufgefordert entsprechende Beiträge zu leisten.

Zur Reduktion der CO_2-Emission haben die Verbände der deutschen Energiewirtschaft und der energieintensiven Branchen ergänzend zu ihrer im Jahr 2000 eingegangenen Selbstverpflichtung im Jahr 2001 mit der Bundesregierung ein „Aktionsprogramm Klimaschutz" zur Reduzierung der CO_2-Emission vereinbart. Eine Vielzahl einzelner Maßnahmen zur Reduzierung der Nachfrage nach Energie und u. a. zur besseren

---

1) Hochspannungsleitungen ca. 75.000 km;
Mittelspannungsleitungen: ca. 500.000 km;
Niederspannungsleitungen : ca. 1,1 Mio. km

Nutzung der Energie kann die gewünschte Reduktion von CO_2-Emission und Schonung fossiler Energieträger herbeiführen. Einen Beitrag zur Lösung der genannten Umweltprobleme kann auch die Blindleistungskompensation beim Kunden (hier Geschäftskunden) leisten.

3.4.3 Steigerungen der Energie-Effizienz durch Blindleistungskompensation

Die Energieeffizienz[2)] ist eine der zentralen Säulen des Klimaschutzes. Am 25. Oktober 2012 wurde die Richtlinie 2012/27/EU [3.12] über Energieeffizienz erlassen. Mit dieser Richtlinie wird ein gemeinsamer Rahmen für Maßnahmen zur Förderung von Energieeffizienz in der EU geschaffen, um sicherzustellen, dass das übergeordnete Energieeffizienzziel der EU von 20% bis 2020 erreicht wird. In dieser Richtlinie werden Regeln festgelegt, mit denen z. B. Hemmnisse im Energiemarkt beseitigt werden sollen. Weiterhin ist die Festlegung nationaler Energieeffizienzziele bis 2020 vorgesehen.

Die Energieeffizienz ist die wirtschaftlichste Säule der Energiewende. Sie ermöglicht „Energieverbrauchern", Energiepreissteigerungen zu kompensieren und damit die Kostenbelastung zu begrenzen, die durch den Ausbau der erneuerbaren Energien auf die „Energieverbraucher" zukommt. In dieser Richtlinie werden auch die Energieverteiler, Verteilnetzbetreiber und Energiehandelsunternehmen bzgl. der Förderung der Energieeffizienz angesprochen. Energieeffizienz sollte lt. Bundeswirtschaftsministerium ein integraler Bestandteil jeder Unternehmensstrategie werden - aus ökologischen und wirtschaftlichen Gründen. Auf weitere Einzelheiten soll hier nicht eingegangen werden.

Neu ist auch, dass produzierende Betriebe, insbesondere energieintensive Betriebe ab 2013 ein Energiemanagement einführen müssen, um weiterhin den Spitzenausgleich im Rahmen

---

2) Hierunter wird ein gewünschter Nutzen mit möglichst wenig Energieeinsatz verstanden.

der Energie- und Stromsteuer zu erhalten. Einen Leitfaden für die Implementierung eines Energiemanagementsystems bietet die Norm DIN EN ISO 50001 [3.13]. Für die Implementierung des Energiemanagementsystems können die Unternehmen bei der Kreditanstalt für Wiederaufbau (KfW) außerdem zinsgünstige Kredite beantragen. Neben den Steuerermäßigungen und der Umlageentlastung, soll die Hauptmotivation für ein Energiemanagementsystem die effektive und systematische Nutzung von Einsparpotenzialen sein.

Der deutsche Zentralverband der Elektrotechnik- und Elektronikindustrie (ZVEI) hat im Hinblick auf die CO_2-Reduzierung und somit zur Energieeffizienz durch Blindleistungskompensation einige Studien bzw. Handlungsempfehlungen veröffentlicht. Diese Veröffentlichungen des ZVEI richten sich u. a. an Stromlieferanten, Netzbetreiber, Energiehändler, Energieabnehmer und an die Politik.

Drei Szenarien aus der ZVEI-Untersuchung [3.14] zeigen den Einfluss der Blindleistungskompensation (BLK) auf die Höhe der Netzverluste in Deutschland im Jahr 2001 (Bilder 3.26, 3.27 und 3.28).

EVU-Netz		Szenario 1 Ohne BLK	Szenario 2 Teil-BLK	Szenario 3 Voll-BLK
Wirkarbeit	TWh	458	458	458
Leistungsfaktor		0,78	0,90	1,00
Blindleistungskompensation	Tvar	-146	0	222
Netzverluste Cu	TWh	32,5	24,4	19,8
BLK-Verluste	TWh	-0,3	0,0	0,5
Netzverluste Cu+BLK	TWh	32,1	24,4	20,3
Sondervertragskunden-Netz		Szenario 1 Ohne BLK	Szenario 2 Teil-BLK	Szenario 3 Voll-BLK
Wirkarbeit	TWh	307	307	307
Leistungsfaktor		0,73	0,90	1,00
Blindleistungskompensation	Tvar	-139	0	149
Netzverluste Cu	TWh	4,6	3,0	2,4
BLK-Verluste	TWh	-0,3	0,0	0,4
Netzverluste Cu+BLK	TWh	4,2	3,0	2,8
Gesamt-Netz		Szenario 1 Ohne BLK	Szenario 2 Teil-BLK	Szenario 3 Voll-BLK
Netzverluste Cu+BLK	TWh	36,4	27,4	23,1

Bild 3.26: Blindleistungskompensation (BLK) und Netzverluste (Quelle: ZVEI)

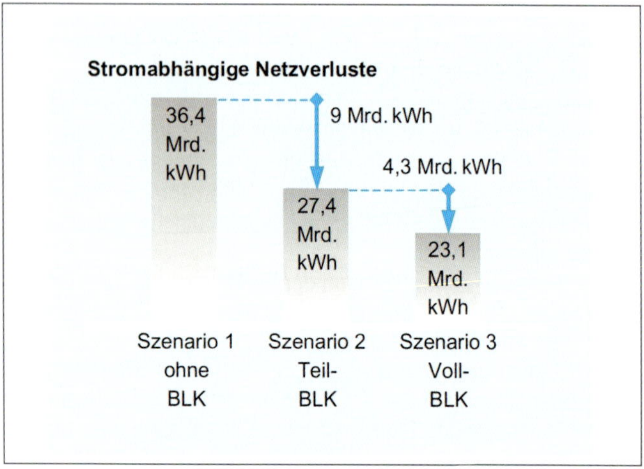

Bild 3.27: Stromabhängige Netzverluste ohne Kompensation, Teilkompensation und Vollkompensation (Quelle: ZVEI)

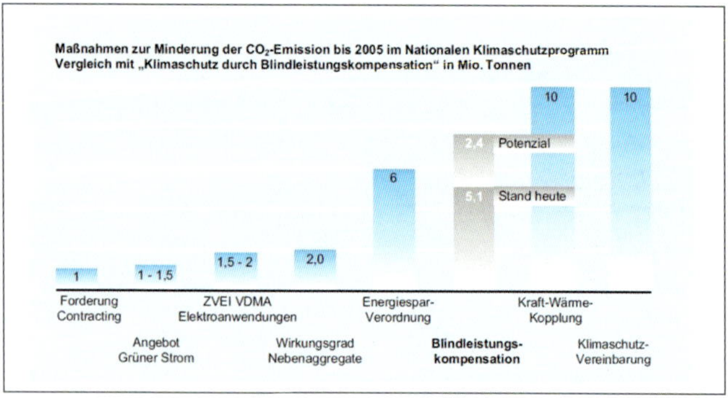

Bild 3.28: Maßnahmen zur Minderung der CO_2-Emission bis 2005 im Nationalen Klimaschutzprogramm im Vergleich mit der Blindleistungskompensation (Quelle: ZVEI)

Nach Berechnungen der im ZVEI vertretenden Kondensatorhersteller ergaben sich im Jahr 1999 in Deutschland stromabhängige Netzverluste (Netze der Netzbetreiber und EVU-Sondervertragskunden) in Höhe von *27,4 Mrd. kWh*. Mit der in 1999 installierten Blindleistungskompensation konnten (lt. ZVEI) die Netzverluste in Deutschland um rd. *9 Mrd. kWh* gesenkt werden. Das entspricht gerechnet über den zur Stromerzeugung genutzten Energieträger-Mix einer vermiedenen CO_2-Emission von rd. 5 Mio. Tonnen pro Jahr.

Ein weiterer positiver Ansatz im Hinblick auf die Reduzierung der CO_2-Emission ist durch *verdrosselte Blindleistungskompensations-Anlagen und durch Filterkreise* erreichbar. Denn vom Netz bezogene Blindenergie mit *Oberschwingungen* bewirken zusätzliche Verluste im Übertragungs- und Verteilnetz, welche unter Einsatz der Primärenergie im Kraftwerk erzeugt werden müssen. Laut ZVEI - Handlungsempfehlung muss dieser Effekt durch weitere Studien untersucht und quantifiziert werden.

Der ZVEI leitet aus den v. g. Erläuterungen folgende Empfehlung ab:

> *Mit der Blindleistungskompensation können EVU-Geschäftskunden (in der Regel Sondervertragskunden) ihre Einsparpotentiale voll ausschöpfen und damit gleichzeitig eigene Netzverluste minimieren; die Netzbelastung optimieren und die Netzspannung „stabilisieren“.*
> *Unter Mitwirkung der Netzbetreiber können bei konsequenter Umsetzung bestehender technischer Regeln und Berechnung der Blindenergie beim Kunden, die Verluste in den Übertragungs- und Verteilungsnetzen gesenkt werden und somit zum Klimaschutz durch CO_2-Reduzierung beitragen.*
> *Es wäre wünschenswert, dass aufgrund des Klimaschutzbeitrages durch die Blindleistungs- kompensation Politik und Wirtschaft die erforderlichen Maßnahmen fördernd unterstützen würden.*

Nach der Veröffentlichung des ersten Positionspapier des ZVEI aus dem Jahr 2001 empfahl der VDEW (jetzt BDEW) seinen

Mitgliedern im Jahr 2001 in einem Rundschreiben einen aktiven Beitrag zum Klimaschutz zu sichern [3.15]. Der VDEW führte hier u. a. aus: *„…dass sich der* cos φ *im Netz daher in möglichst engen Grenzen bewegen muss. Der teilweise zu beobachtenden Praxis, auf die Verrechnung der Blindenergie zu verzichten, sollte daher entgegengewirkt werden. Unter Berücksichtigung der netztechnischen Gegebenheiten sind Kompensationsmaßnahmen vorrangig in den Kundenanlagen durchzuführen…“.*

In einer ZVEI Publikation im Jahr 2008 wurde der Stand der Energieeinsparung durch Blindleistungskompensation im Jahre 2007 dargestellt. Mit dem erreichten durchschnittlichen cos φ_1 von 0,9 ergaben sich gegenüber einem unkompensierten Netz eine Senkung der Netzverluste um 5,5 Mio. kWh und eine Senkung des CO_2-Ausstoßes von 2,86 Mio. Tonnen. Mit einer Steigerung auf einen durchschnittlichen cos φ_1 von 0,95 ergäbe sich eine Senkung der Netzverluste um zusätzliche 3,5 Mia. kWh und eine Senkung des CO_2-Ausstoßes von noch einmal 1,83 Mio. Tonnen.

Die Verringerung der Wirkverluste in Netzen durch Anlagen zur Blindleistungskompensation führt zur Reduzierung der CO_2-Emissionen, wenn die Elektroenergie aus fossiler Primärenergie erzeugt wird. Die deutschen Übertragungs- und Verteilungsnetzbetreiber beschäftigen sich seit vielen Jahren mit der Optimierung der Blindleistung und ihrem Einsatz, u. a. auch zur Verringerung der Netzverluste. Das EnWG verpflichtet die Netzbetreiber diese Verluste auszugleichen. Bei den Bemühungen des Netzbetreibers zur Reduzierung der Netzverluste, verringern sich somit auch die Emissionen in den fossil betriebenen Kraftwerken. Der Energietransport mit elektrischer Energie in Europa mit weniger Netzverlusten und Oberschwingungen ist u. a. ein wichtiger Schlüssel zu einer sicheren und umweltschonenden Versorgung.

3.5 Literatur

[3.1] Hofmann, W; Just, W.: Blindstromkompensation in der Betriebspraxis, 4. Auflage 2003, VDE-Verlag

[3.2] Herausgeber: Zentralverband Elektrotechnik- und Elektronikindustrie e. V. (ZVEI), Fachverband Starkstromkondensatoren: Checkliste für die Planung von Blindleistungskompensation

[3.3] Herausgeber: VDEW: „Tonfrequenz-Rundsteuerung, Empfehlung zur Vermeidung unzulässiger Rückwirkungen", 3. Ausgabe 1997

[3.4] DIN EN 60831-1 (VDE 0560-46): 2014-11: „Selbstheilende Leistungs-Parallelkondensatoren für Wechselstromanlagen mit einer Nennspannung bis 1 kV"

[3.5] DIN EN 60871-1 (VDE 0560-410): 2015-04: „Parallelkondensatoren für Wechselspannungs-Starkstromanlagen mit einer Bemessungsspannung über 1000 V"

[3.6] DIN VDE 0276-603: 2010-03: Starkstromkabel – Teil 603: Energieverteilungskabel mit Nennspannung 0,6/1 kV

[3.7] Herausgeber: ZVEI, Fachverband Starkstromkondensatoren: Allgemeine Sicherheitshinweise Starkstromkondensatoren, Juli 2013

[3.8] DIN EN 61439-1 VDE 0660-600-1:2012-06: „Niederspannungs-Schaltgerätekombinationen"

[3.9] DIN EN 60 252-1 VDE 0560-8: 2014-07: Motorkondensatoren

[3.10] Herausgeber: ZVEI, Fachverband Starkstromkondensatoren: Merkblatt Entsorgung von PCB-haltigen Starkstromkondensatoren, November 2015

[3.11] Kommission der Europäischen Gemeinschaften: Grünbuch über Energieeffizienz oder Weniger kann mehr sein, KOM (2005) 265 endgültig/2, Kapitel 2.1 Netzregulierung, Brüssel 2005

[3.12] Richtlinie 2012/27/EU des europäischen Parlaments und des Rates zur vom 25. Oktober 2012 zur Energieeffizienz

[3.13] DIN EN ISO 50001: 2011-12: Energiemanagementsysteme
[3.14] Herausgeber: ZVEI, Fachverband Starkstromkondensatoren: „Klimaschutz durch Blindleistungskompensation", 2001
[3.15] VDEW Mitgliederrundschreiben: „Klimaschutz durch Blindleistungskompensation": 31.1.2001
[3.16] Herausgeber: ZVEI, Fachverband Starkstromkondensatoren: „Energeieeinsparung durch Blindleistungskompensation", April 2008

4 Bewertung der Versorgungsqualität

4.1 Grundsätzliches

Als Versorgungsqualität, auch Spannungsqualität genannt, bezeichnet man die Einhaltung bestimmter Merkmale der Spannung durch den Versorgungsnetzbetreiber am Anschlusspunkt (Verknüpfungspunkt) des Netznutzers (Last und/oder Erzeugung). Die Spannungsqualität wird durch verschiedene Größen bestimmt, die durch Verbrauchs- und Erzeugungsanlagen beeinflusst werden. Diese Größen bezeichnet man im Allgemeinen als Netzrückwirkungen, Sie treten auf als Oberschwingungsspannungen, Spannungen bei zwischenharmonischen Frequenzen, Flicker, Spannungsänderungen, Spannungsänderungsverläufen, Spannungsschwankungen sowie als Spannungsunsymmetrien. Der für die Betrachtung von Netzrückwirkungen maßgebliche Frequenzbereich reicht dabei von Gleichgrößen mit $f \approx 0$ Hz bis in den Bereich $f \approx 10$ kHz. Im Allgemeinen ist es ausreichend, den Frequenzbereich bis 2,5 kHz, also bis zur 50. Oberschwingung zu betrachten. Die einzelnen Phänomene der Netzrückwirkungen sind wie folgt definiert [4.1]

- Oberschwingung als sinusförmige Schwingung, deren Frequenz ein ganzzahliges Vielfaches der Grundfrequenz ist (sinusförmiger Term mit höherer Ordnungszahl als Eins der Fourier-Reihe einer periodischen Größe), verursacht durch leistungselektronische Betriebsmittel und Geräte sowie durch Betriebsmittel und Geräte mit nichtlinearer Strom-Spannungs-Kennlinie.
- Zwischenharmonische als sinusförmige Schwingung, deren Frequenz kein ganzzahliges Vielfaches der Grundfrequenz ist bzw. deren Frequenz zwischen denen der Oberschwingungen liegt, verursacht durch leistungselektronische Betriebsmittel und Geräte oder durch die Anregung vorhandener Netzresonanzstellen.

- Flickerstärke (Flicker) als subjektiver Eindruck von Leuchtdichteschwankungen von Glühlampen oder Leuchtstofflampen bzw. als Eindruck der Unstetigkeit visueller Empfindungen, hervorgerufen durch Lichtreize mit zeitlicher Schwankung der Leuchtdichte oder der spektralen Verteilung, verursacht durch Spannungsschwankungen und Spannungsänderungen sowie durch Zwischenharmonische.
- Spannungsänderung als Änderung des Effektivwertes oder Spitzenwertes einer Spannung zwischen zwei aufeinander folgenden Pegeln, die für eine bestimmte, aber nicht festgelegte Dauer aufrechterhalten werden, siehe hierzu Bild 4.1.
- Spannungsänderungsverlauf als Zeitverlauf der Änderung des Effektivwertes der Spannung, ermittelt als einzelner Wert für jede aufeinander folgende Halbperiode zwischen den Nulldurchgängen der Quellenspannung zwischen Intervallen, in denen die Spannung für mindestens 1 s konstant ist, siehe hierzu Bild 4.1.
- Spannungsschwankung als Abfolge von Spannungsänderungen oder periodische Änderung der Einhüllenden der Spannungskurve, siehe hierzu Bild 4.1.
- Spannungsunsymmetrie als Zustand eines Drehstromnetzes, bei dem die Effektivwerte der Außenleiter-Neutralleiter-Spannung oder die Winkel zwischen aufeinander folgenden Phasen nicht gleich sind.
- Frequenzschwankungen als Abweichungen von der Nominalfrequenz $f = 50$ Hz im UCTE-Netz.

Die vorstehend definierten Phänomene mit Ausnahme der Frequenzschwankungen können örtlich unterschiedlich auftreten, sie sind daher lokale Störgrößen, die an unterschiedlichen Stellen des Netzes unterschiedlich sein können. Frequenzschwankungen, also Abweichungen von der definierten Nominalfrequenz, sind ein globales Phänomen, solange quasistationäre Zustände betrachtet werden, d.h. im Gesamtnetz ist die Frequenz überall gleich.

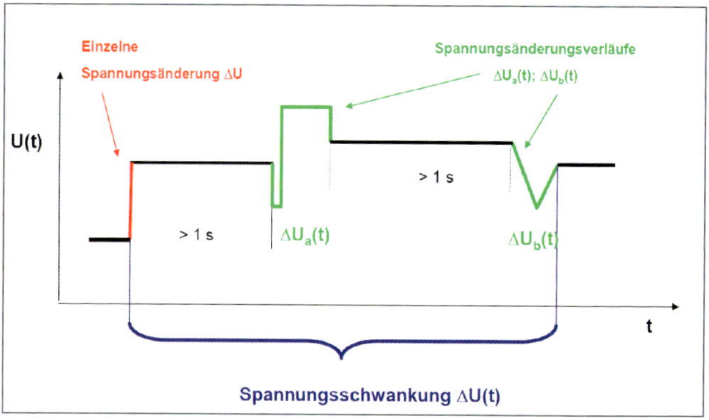

Bild 4.1: Zeitlicher Verlauf des Effektivwertes der Spannung zur Erläuterung der Begriffe Spannungsänderung, Spannungsschwankung und Spannungsänderungsverlauf

Merkmale der Spannungsqualität sind in DIN EN 50160 festgelegt. Es wird dabei unterschieden zwischen

- Anhaltswerten, wie Spannungseinbrüchen, kurzen und langen Unterbrechungen der Versorgungsspannung, zeitweilige (netzfrequente) Überspannungen, transienten Überspannungen und Spannungsunsymmetrien und
- Pegelwerten, wie die Frequenz, Höhe (Effektivwerte) der Spannung, langsame und schnelle Spannungsänderungen, Flickerstärke, Oberschwingungsspannungen und die Höhe von Signalspannungen auf der Versorgungsspannung.

Tabelle 4.1 zeigt eine Übersicht über die entsprechenden Werte sowie den zugrunde liegenden Mittelungszeitraum für die Messung und die Zeitdauer der Bewertung.

Tabelle 4.1 Merkmale der Spannung in öffentlichen Versorgungsnetzen nach DIN EN 50160

Störphänomen	**NS**	**MS**	**Bewertungsgröße**	**Mittelungszeitraum**	**Bewertungsdauer**	**Häufigkeit**
Frequenz (Verbundnetz)	49,5 Hz … 50,5 Hz (± 1%) 47 Hz … 52 Hz (+ 4% / - 6%)		Mittelwert	10 s	1 Woche	99,5% 100%
Frequenz (Inselnetz)	49 Hz … 51 Hz (± 2%) 42,5 Hz … 57,5 Hz (±15%)		Mittelwert	10 s	1 Woche	95% 100%
Langsame Spannungsänderungen	230 V ± 10% 230 V +10% / -15%	U_c ± 10%	RMS	10 min	1 Woche	95% 100%
Schnelle Spannungsänderungen	5% max. 10%	4% max. 6%	RMS	10 ms	1 tag	100%
Flicker (Plt)	$P_{lt} \leq 1$		Algorithmus	2 h	1 Woche	95%
Spannungseinbrüche ($\leq$ 1 min)	Einige 10 bis 1000 pro Jahr (unter 85% U_c)		RMS	10 ms	1 Jahr	100%
Kurze Versorgungsunterbrechungen ($\leq$ 3 min)	Einige 10 bis mehrere 100 pro Jahr (unter 1% U_c)		RMS	10 ms	1 Jahr	100%
Zufällige lange Versorgungsunterbrechungen (> 3 min)	Einige 10 bis 50 pro Jahr (unter 1% U_c)		RMS	10 ms	1 Jahr	100%
Zeitweilige netzfrequente Überspannungen	$\leq$ 1,5 kV	1,7 … 2,0 U_c	RMS	10 ms	k.A.	100%
Transiente Überspannungen	$\leq$ 6 kV	Isolationskoordination	Scheitelwert	--	k.A.	100%
Spannungsunsymmetrie	2% 3% in Sonderfällen		RMS	10 min	1 Woche	95%
Oberschwingungsspannungen	$THD \leq 8\%$ Einzelpegel bis $n = 40$: Tabellenwerte		RMS	10 min	1 Woche	95%
Zwischenharmonische Spannungen	In Beratung					
Signalspannungen	Diagramm	Diagramm 9 kHz … 95 kHz in Beratung	RMS	3 s	1 Tag	99%

Erläuterungen: U_c - MS: vereinbarte Versorgungsspannung; NS: Nennspannung
k.A. – keine Angabe

DIN EN 50160 beschreibt Merkmale der Versorgungsspannung in öffentlichen Elektroenergieversorgungsnetzen durch die Angabe von Anhaltswerten und Pegelwerten. Bewertungszeitraum ist entweder eine Woche oder ein Jahr. DIN EN 50160 ist keine Norm für Verträglichkeitspegel und erhält keine VDE-Klassifikationsnummer.

4.2 Messberichte lesen und interpretieren

4.2.1 Einführung

Um sich einen Überblick über die Qualität der eigenen Energieversorgung zu schaffen ist es heutzutage für nahezu jedes Unternehmen notwendig, die Energieversorgungsqualität für das ganze Werk oder einzelne Netzabschnitte zu messen. Zu diesem Zweck können entweder spezialisierte Unternehmen beauftragt werden, die nicht nur Messungen durchführen, sondern auch einen entsprechenden Bericht und entsprechende Auswertungen und Empfehlungen liefern, oder man kann sich selbst eines oder mehrere geeignete Messgeräte zulegen und installieren. Je nach Größe und Komplexität des Unternehmens empfiehlt sich beides. Zur permanenten Beobachtung des Netzes, zur Unterstützung bei der Fehlersuche z. B. bei sporadischen Maschinenausfällen ist die permanente Erfassung der Netzqualität sinnvoll. Um einen erstmaligen Überblick über das eigene Energieversorgungsnetz zu bekommen und zu behalten, ist die regelmäßige Einschaltung eines externen Experten sinnvoll.

Die Erfassung und Messung der Daten alleine ist aber nur ein erster Schritt. Der zweite genauso wichtige Schritt ist es, diese Daten auch zu lesen und zu interpretieren und gegebenenfalls Handlungsempfehlungen abzuleiten. Im Folgenden werden die einzelnen Abschnitte typischer Messberichte angeführt und interpretiert.

- Inhaltsverzeichnis

Zur besseren Lesbarkeit und zur leichteren Interpretation sollte ein guter Messbericht mit einem Inhaltsverzeichnis beginnen, wobei die genaue Reihenfolge der einzelnen Punkte in einem Messbericht nicht von gravierender Bedeutung ist. Manche Autoren setzen das „Executive Summary“ mit den Empfehlungen ganz an den Anfang des Berichts, andere setzen diesen Punkt an das Ende, das ist Geschmackssache, auch die in diesem Artikel verwendet Reihenfolge ist daher als Serviervorschlag zu verstehen.

- Vorspann, Einführung, Ziele, angewandte Normen

Um für den Leser einen Messbericht in irgendeiner Form verwertbar zu machen ist ein Vorspann mit den Eckdaten der Berichtserstellung notwendig. Leider wird selbst diese einfache Basisforderung von vielen selbsternannten Spezialisten nicht erfüllt. Eine Einführung mit einigen Hintergrundinformationen, warum zum Beispiel die Messung durchgeführt wurde ist nicht zwingend, aber häufig sinnvoll.

Die meisten Messberichte disqualifizieren sich bereits im Vorspann. Folgende scheinbar banalen Informationen sind für die Interpretation einer Messung der Energieversorgungsqualität unerläßlich, werden aber allzu oft vernachlässigt.

a.) Genauer Ort der Aufzeichnung z.B. Schokoladen AG Musterstadt, Werk 47, Transformator 17, Abgang 4. Oft ist auch ein Foto des angeschlossenen Messgerätes an dieser Stelle sinnvoll.
b.) Gerät mit dem aufgezeichnet wurde, z. B. Janitza UMG 508
c.) Name des Berichterstellers
d.) Aufzeichnungszeitraum
e.) Evtl. Art und Version der verwendeten Auswertungssoftware
f.) Evtl. Kontaktdaten des Berichterstellers

Es sollte eine kurze Information gegeben werden, warum die Messung gemacht wurde und mit welchem Ziel. Fehlersuche, Überprüfung der Normkonformität oder ähnliches und auch welche Norm zur Anwendung kommt (DIN EN 50160, DIN EN 61000-2-4 etc.). In der Energieversorgungsqualität haben die einschlägigen Normen eine hohe Bedeutung. Die Normengruppe DIN EN 61000 oder die DIN EN 50160 sind oder dienen als Fachgrundnormen an denen sich Hersteller von Maschinen und Anlagen orientieren. Ein Verstoß gegen die von diesen Normen vorgegebenen Grenzwerte hat für den Anwender von Maschinen und Anlagen häufig einen Gewährleistungsverlust und auch Produktionsstörungen zur Folge.

4.3 Messwerte

4.3.1 Frequenzmessung

Auch wenn die Information im Allgemeinen nur in Inselnetzen oder in Schwellenländern von Bedeutung ist, ist die messtechnische Erfassung der Netzfrequenz elementarer Bestandteil einer fachmännischen Netzanalyse.

Tabelle 4.2 Tabellarische Darstellung der Verteilung der Netzfrequenz mit Grenzwerten (erstellt mit Janitza UMG 508)

Grenzwerte	
Untere Grenze	49,50
Obere Grenze	50,50
Prozent	99,50%

Ergebnisse	
Minimalwert	49,89 Hz
Mittelwert	50,00 Hz
Maximalwert	50,09 Hz
Gesamtwerte	69120
Verletzungen insgesamt	0 (0,00%)
Überschreitung	0 (0,00%)
Unterschreitungen	0 (0,00%)
Aufzeichnungslücken	0,00%
Ergebnis	**Passed**

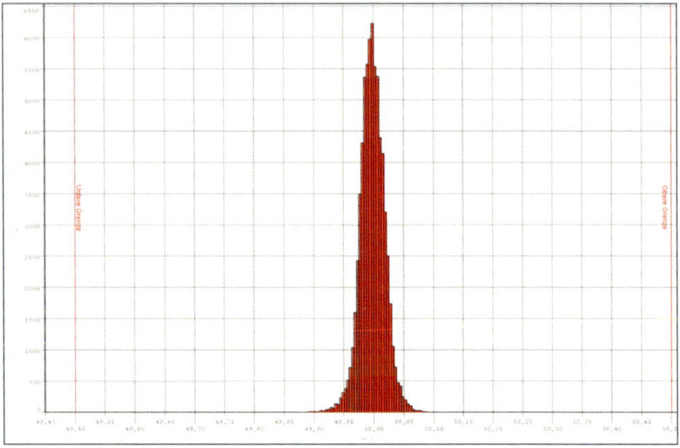

Bild 4.2: Histogramm der Verteilung der Netzfrequenz mit Grenzwerten (erstellt mit Janitza UMG 508)

In Zentraleuropa und den meisten zivilisierten Ländern ist die Netzfrequenz extrem stabil. Die in Tabelle 4.2. und Bild 4.2 dargestellte nur sehr geringe Streuung ist typisch für das europäische Netz. Sollte im Aufzeichnungszeitraum eine Abweichung von den normativen Vorgaben aufgetreten sein, hat entweder die ganze Region, wie zum Beispiel der europäische Kontinent, ein ernstes Problem oder die Messung hat in einem Inselnetz stattgefunden. Im ersten Fall kann ein einzelner Verbraucher oder ein einzelnes EVU das Problem nicht beseitigen. Im zweiten Fall ist eine sofortige Reaktion notwendig.

Sollte im Inselbetrieb, der meist ein Notbetrieb ist, die Netzfrequenz nicht stabil sein, bedeutet dies, dass der sichere Betrieb der angeschlossenen Verbraucher nicht mehr gewährleistet ist. In diesem Fall ist es dringend geraten, dass sich der Betreiber des Inselnetzes und der Generatorhersteller mit den Lieferanten der Verbraucher an einen Tisch setzen.

4.3.2 Messung der Spannungshöhe

Eine wesentliche Auswertung der meisten Messgeräte ist die Aufzeichnung der Spannungshöhe und deren Darstellung in unterschiedlicher Form. Neben der eigentlich gemessenen Spannung sind auch andere Werte in den meisten Messberichten nichts anderes als die Aufzeichnung der Spannungshöhe und eine dazu passende mathematische Auswertung. Flickerpegel sind nichts anderes als die nach bestimmten mathematischen Kriterien bewerteten Spannungsänderungen und Spannungsschwankungen.

Eine aus der reinen Messung nicht immer ersichtliche Information ist die Ursache der Spannungsschwankungen. Es macht für die spätere Auslegung evtl. Gegenmaßnahmen und für die Bewertung der Gesamtsituation häufig einen Unterschied, ob evtl. Spannungsschwankungen vom Kunden selbst verursacht werden oder diese Spannungsschwankungen mutmaßlich von außen kommen.

- Zeitverlauf des Effektivwertes der Spannung

Ein wesentliches Kriterium zur Bewertung der Energieversorgungsqualität ist der zeitliche Verlauf des Spannungseffektivwertes. Zur Bewertung dieses Qualitätskriteriums sollte in einem guten Messbericht die Länge der Auswertungsintervalle angegeben sein. Empfohlen wird eine Aufzeichnung mit 200 ms oder 1 s Werten. Die Angabe dieses Intervalls ist ein wesentlicher Teil der Qualität eines Berichts.

Tabelle 4.2, sowie die Bilder 4.3 und 4.4 sind verschiedene Darstellungsformen der Spannung, wie sie von renommierten Herstellern von Messgeräten geliefert werden.

Sollte das Spannungsband in einem nicht zulässigen Bereich liegen, kann mit Blindleistung gegengesteuert werden, wenn der Kunde diese Spannungsschwankungen selbst verursacht; oder mit einem Injektionstransformator oder einem Stufenschalter, wenn die Schwankungen von außen kommen.

Tabelle 4.3 Tabellarische Darstellung der Verteilung der Netzspannung mit Grenzwerten (erstellt mit Janitza UMG 508)

Grenzwerte	
Untere Grenze	207,00
Obere Grenze	253,00
Prozent	95,00%

Ergebnisse	
Minimalwert	226,99 V
Mittelwert	233,53 V
Maximalwert	239,60 V
Gesamtwerte	1152
Verletzungen insgesamt	0 (0,00%)
Überschreitung	0 (0,00%)
Unterschreitungen	0 (0,00%)
Aufzeichnungslücken	0,00%
Ergebnis	**Passed**

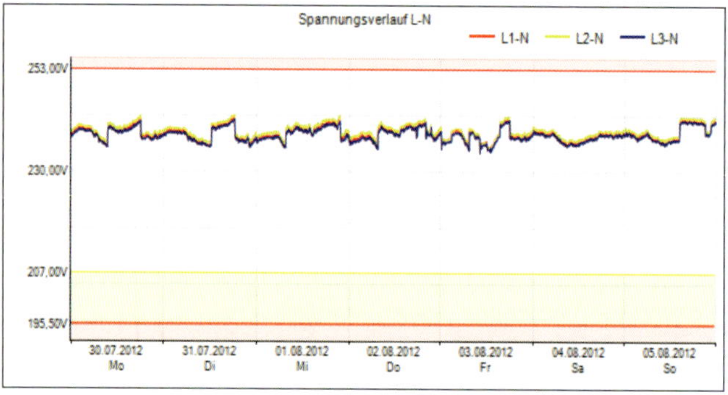

Bild 4.3: Zeitlicher Verlauf der Netzspannung (Gemessen mit PQube 3 von PSL)

- Spannungsunsymmetrie

Eine unsymmetrische Spannung außerhalb der Norm führt zur Abschaltung von Frequenzumrichtern und erhöhten Motorverlusten. Oft sind einfache Maßnahmen wie eine gleichmäßigere Verteilung der Lasten auf die Phasen zielführend. Je nach Dynamik und Verursacher kann die Spannungsunsymmetrie durch

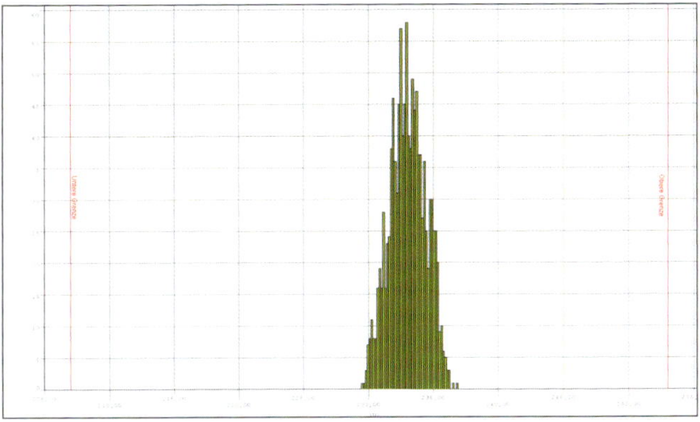

Bild 4.4: Histogramm der Verteilung der Netzspannung mit Grenzwerten (erstellt mit Janitza UMG 508)

schnelle Blindleistungsbereitstellung oder einen dynamischen Spannungskonditionierer ausgeglichen werden. Wie man an Hand der Tabelle 4.4, sowie an den Messungen in Bild 4.5 und 4.6 erkennen kann sind Spannungsunsymmetrien bei typischen Messungen eher ungewöhnlich.

In den meisten Fällen gilt:

- Wenn die Spannungsunsymmetrie durch den Kunden hervorgerufen wird kann man das Problem durch die gleichmäßigere Verteilung der Lasten auf die drei Phasen und/oder durch unsymmetrische Blindleistungsbereitstellung in den Griff bekommen.
- Wenn die Spannungsunsymmetrie aus dem öffentlichen Netz kommt oder durch einen hohen Anteil regenerativer Erzeuger in dem betreffenden Netzabschnitt erzeugt wird, ist eine aktive oder dynamische Spannungskonditionierung mit Hilfe von Injektionstransformatoren sinnvoll.

Tabelle 4.3: Tabellarische Darstellung der Verteilung der Spannungsunsymmetrie mit Grenzwerten (erstellt mit Janitza UMG 508)

Grenzwerte	
Untere Grenze	--
Obere Grenze	2,00
Prozent	95,00%

Ergebnisse	
Minimalwert	0,07%
Mittelwert	0,29%
Maximalwert	0,60%
Gesamtwerte	1152
Verletzungen insgesamt	0 (0,00%)
Überschreitung	0 (0,00%)
Unterschreitungen	--
Aufzeichnungslücken	0,00%
Ergebnis	**Passed**

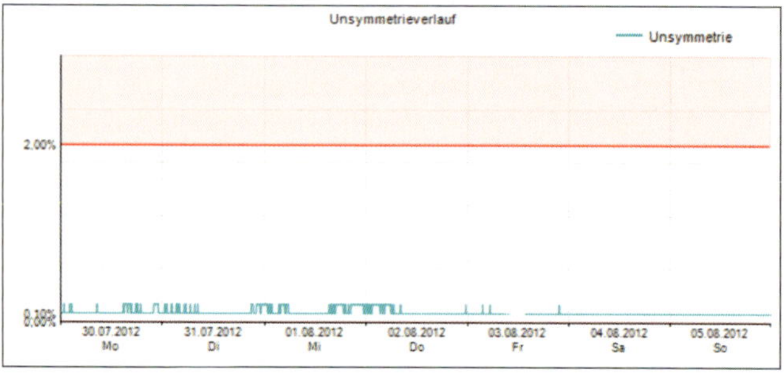

Bild 4.5: Zeitliche Darstellung der Spannungsunsymmetrie mit Grenzwerten (gemessen mit PQube 3 von PSL)

- Flickerpegel

Nahezu alle handelsüblichen Messgeräte weisen Flickerpegel als Teil des Messberichts mehrfach aus, im Allgemeinen als Pst- und als Plt-Wert, den sogenannten Kurzzeit- und den Langzeitflicker. Beide Werte, sowohl der Pst- als auch Plt-Wert, sind mathematische Bewertungen von Spannungsänderungen und/oder Spannungsschwankungen, wie sie durch Schweissprozes-

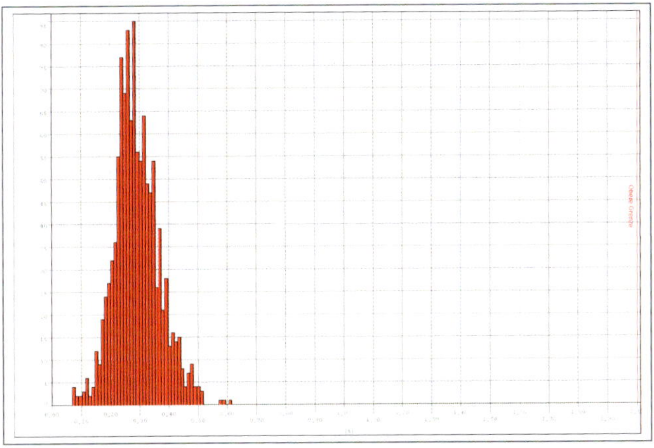

Bild 4.6: Histogramm der Verteilung der Spannungsunysmmetrie mit Grenzwerten (gemessen mit Janitza UMG 508)

se oder Walzwerke hervorgerufen werden können. Die beiden Kennzahlen P_{st} und P_{lt} und deren Unterscheidung werden zwar in der wissenschaftlichen Fachliteratur sehr breit getreten, sind jedoch für den Praktiker in den meisten Fällen irrelevant. Flickerpegel (egal ob Kurzzeit- oder Langzeitflicker) oberhalb der normativen Grenzwerte sind nur dann relevant, wenn sich jemand gestört fühlt. Solange sich niemand über die Leuchtdichtenschwankungen am Arbeitsplatz oder das EVU am Netzverknüpfungspunkt beschwert, müssen bei Flicker nur selten Maßnahmen ergriffen werden. Falls Maßnahmen ergriffen werden sollen, gilt bei Maßnahmen zur Reduktion der Flickerpegel das gleiche wie bei Maßnahmen zur Korrektur von Spannungsunsymmetrie.

Wenn Flicker durch den Kunden hervorgerufen wird, dann kann man das Problem durch symmetrische oder unsymmetrische schnelle Blindleistungskompensation in den Griff bekommen. Wenn die Flickerpegel aus dem öffentlichen Netz kommen oder durch einen hohen Anteil regenerativer Erzeuger in dem betreffenden Netzabschnitt erzeugt werden, ist eine aktive oder dynamische Spannungskonditionierung mit Hilfe von Injektionstransformatoren sinnvoll. Die Bilder 4.7 a und 4.7b zeigen unkritische Flickerpegel, die keinerlei Handlung verlangen.

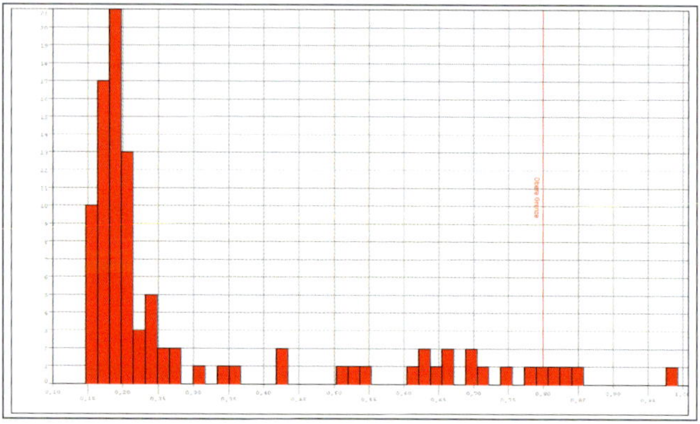

Bild 4.7a: Histogramm der Verteilung des Kurzzeitflickers über die Zeit mit Grenzwerten (gemessen mit Janitza UMG 508)

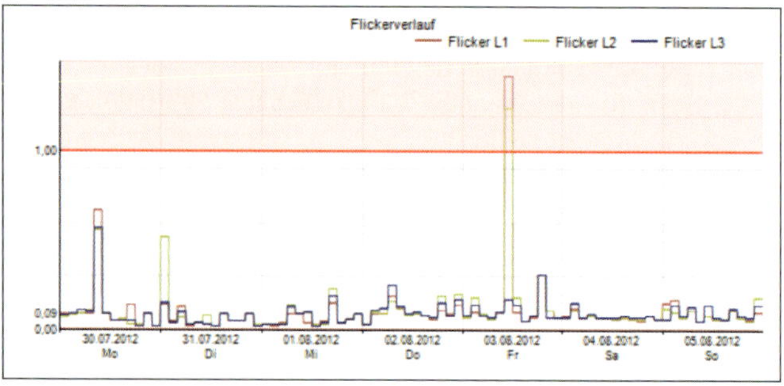

Bild 4.7b: Zeitlicher Verlauf des Langzeitflickers mit Grenzwerten (gemessen mit einem PQube 3 von PSL)

- Spannungseinbruch

Eines der problematischsten und teuersten Probleme in der Energieversorgungsqualität sind kurzzeitige Einbrüche der Versorgungsspannung. Messgeräte, die heute Stand der Technik sind, zeichnen diese Einzelereignisse tabellarisch und/oder graphisch auf. Hervorgerufen werden solche Spannungseinbrüche im Allgemeinen durch Störungen im vorgelagerten Netz. Ursachen sind häufig Grabungsarbeiten, bei denen Mittelspannungskabel beschädigt werden, Tiere oder Pflanzen in den Übertragungsleitungen, Gewitter und andere atmosphärische Störungen, aber auch fehlerhafte Kabelendverschlüsse oder schlechte Isolatoren. Nur in seltenen Fällen kommt es vor, dass Fehler in der Installation des Kunden die Ursache von Spannungseinbrüchen ist.

Der gute Zustand der Energieversorgungsnetze in Zentraleuropa, insbesondere in Deutschland und den angrenzenden Ländern, führt dazu, dass die Häufigkeit im Allgemeinen unter 100 Ereignissen pro Jahr liegt, obwohl die relevante Norm DIN EN 50160 hier eine deutlich höhere Anzahl zulässt.

In Regionen mit niedriger Besiedlung oder weitverzweigten Freileitungen, wie auf dem amerikanischen Kontinent oder in Asien, ist die Anzahl solcher Ereignisse deutlich häufiger. Auch Länder in denen die vorbeugende Wartung von Umspannwerken und Leitungen nicht so ernst genommen wird wie in Zentraleuropa haben deutlich mehr Spannungseinbrüche.

Zur Aufrechterhaltung der Spannung können entweder USV-Anlagen installiert werden, die aber auf Grund der hohen Verlus-

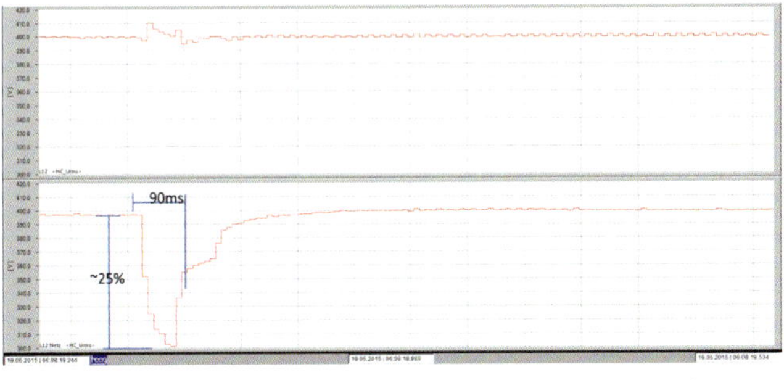

Bild 4.8: Effektivwertverlauf der Spannung hinter und vor einer Online-Spannungskorrekturmaßnahme (gemessen mit Euroquant der Firma Haag)

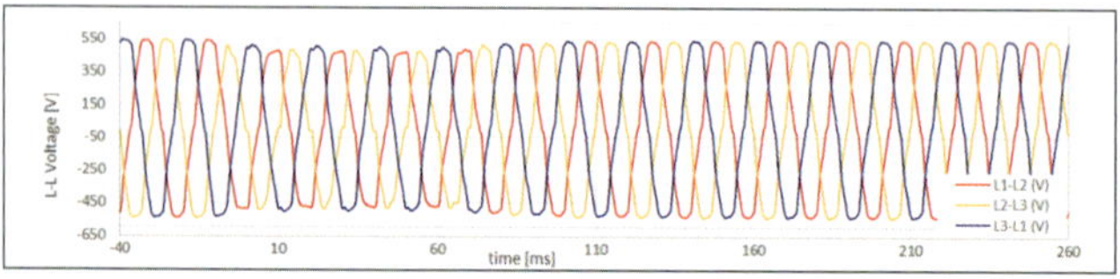

Bild 4.9: Spannungseinbruch dreiphasig (gemessen mit PQube 3 von PSL)

te und der niedrigen Kurzschlussleistung nur in seltenen Fällen für industrielle Prozesse geeignet sind und die im Allgemeinen eine sehr hohe Investition verlangen. Die beste verfügbare Lösung zur Korrektur von Spannungseinbrüchen sind heute dynamische, aktive Spannungskonstanthalter. Geräte, wie sie zum Beispiel die Firma Condensator Dominit anbietet, halten die Ausgangsspannung auf exakt 400 V mit einer Abweichung von weniger als 1% unabhängig von der Netzspannung und sind bis zu einem Leistungsbereich von mehreren MVA verfügbar. Die in den Bildern 4.8 und 4.9 aufgezeichneten Spannungseinbrüche wirken auf den ersten Blick harmlos haben aber in der Praxis beide zu Produktionsausfällen geführt.

4.3.3 Messung der Spannungsform

Das dritte Qualitätskriterium neben Frequenz und Effektivwert der Spannung ist die Spannungsform.

Bei der Abweichung der Spannung von der perfekten Sinusform kann im Wesentlichen zwischen zwei Arten der Abweichung unterschieden werden. Zum einen Abweichungen, die durch klassische Oberschwingungen beschrieben werden und die normativ auch genau erfasst und mit Grenzwerten belegt sind. Zum anderen Abweichungen, die sich aus Resonanzen, Kommutierungseinbrüchen, Schalthandlungen oder Taktfrequenzen oberhalb von 2 kHz ergeben. Diese Abweichungen werden häufig von standardisierten Messberichten nicht automatisch ausgegeben, lassen sich aber auf einem Oszilloskopbild meist sofort erkennen.

- Oberschwingungen

Bei der Bewertung der Spannungsverzerrung durch Oberschwingungen ist es sinnvoll die Grenzwerte, die in DIN EN 50160 oder in DIN EN 61000-2-4 Klasse 2 (Vergl. hierzu Tabelle 4.4) beschrieben werden heranzuziehen. Diese Grenzwerte haben sich aus der Sicht des Praktikers als selbsterfüllende Prophezeiung erwiesen. Dadurch, dass diese Grenzwerte in einer Fachgrundnorm beschrieben sind, werden sie zum Leitfaden für viele Maschinen- und Anlagenbauer. Diese prüfen ihre Geräte und Anlagen nach dieser Norm, so dass die Funktion innerhalb der Grenzwerte gewährleistet ist. Bei höheren Spannungsverzerrungen stehen die Hersteller von Maschinen und Anlagen weder juristisch noch technisch in der Pflicht, die Funktionsfähigkeit Ihrer Geräte zu garantieren

Oberschwingungen sind Verzerrungen der idealen sinusförmigen Grundschwingungsspannung, die regelmäßig sind und die sich durch Signale beschreiben lassen, die ganzzahlige Vielfache der Grundschwingungsspannung sind. Die 5. OS beschreibt also ein Signal mit 250 Hz, das der 50 Hz Grundschwingung überlagert ist. Analog beschreibt die 7. OS ein Signal mit 350 Hz usw.

Klassische Oberschwingungen werden sehr häufig durch Eingangsbrücken von Frequenzumrichtern und anderen Gleichrichtern hervorgerufen.

Tabelle 4.4: Verträglichkeitspegel für ungeradzahlige, nicht durch 3 teilbare Oberschwingungen nach DIN EN 61000-2-4

Ordnung	**Klasse 1** U_h / %	**Klasse 2** U_h / %	**Klasse 3** U_h / %
5	3	6	8
7	3	5	7
11	3	3,5	6
13	3	3	4,5
17	2	2	4
$17 < h \leq 49$	2,27 x (17/*h*) -027	2,27 x (17/*h*) -0,27	4,5 x (17/*h*) - 0,5

In Bild 4.10 ist die Oszilloskopaufnahme der Spannung zu sehen, die alternativ mit den in Bild 4.11. aufgeführten Oberschwingungspegeln beschrieben wird. Auf der Aufnahme ist eine deutliche Abflachung des Sinus zu erkennen. Diese Abflachung führt dazu, dass kapazitive Zwischenkreise nicht mehr ausreichend geladen werden und Geräte und Maschinen ausfallen können oder bei kleinsten Spannungsschwankungen ausfallen.

Die Bilder 4.10 und 4.11 sind unterschiedliche Darstellungen der Messungen am selben Ort zur gleichen Zeit. In der zeitlichen Darstellung des Sinusverlaufs erkennt man eine Abflachung des

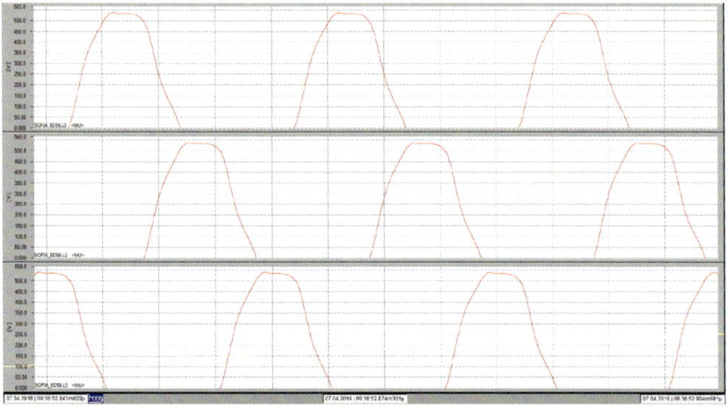

Bild 4.10: Flattopping in einem Automobilwerk, es fehlen 32 V Spannung im Scheitelwert (gemessen mit Euroquant der Firma Haag)

Peakwerts des Sinus um 32V, was in der Fourierdarstellung einer Spannungsverzerrung der 5. OS um ca. 6-8% entspricht.

Für die Beseitigung von Spannungsverzerrungen, die durch klassische Oberschwingungen beschrieben werden können, sind scharf abgestimmte oder programmierbare spannungsgeführte Oberschwingungsfilter sinnvoll. Wie in Bild 4.12 und 4.13 erkennbar, kann mit dezidierten spannungsgeführten Filtern eine signifikanten Verbesserung der Spannungsqualität erzielt werden. Auch Aktivfilter, die den Oberschwingungsstrom als Führungsgrösse verwenden, können die Spannungsverzerrung verringern, wenn sie richtig programmiert werden.

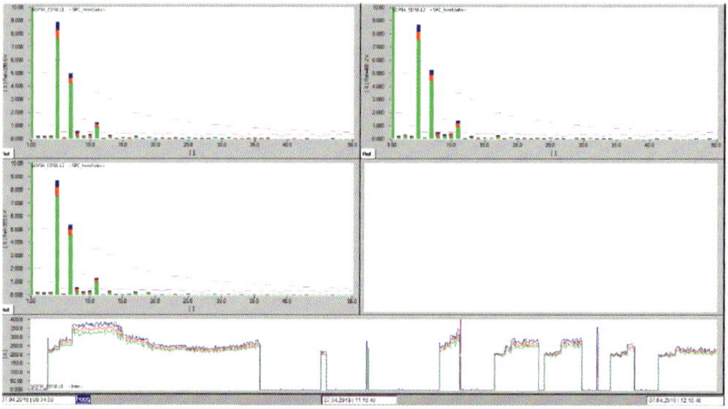

Bild 4.11: Spannungsverzerrung dargestellt als Histogramm der einzelnen Oberschwingungen incl. Grenzwerte, gemessen in einem leistungsstarken Netz (3 Transformatoren 1600 kVA parallel) ohne Filtermaßnahme, die Grenzwerte werden deutlich verletzt (gemessen mit Euroquant der Firma Haag)

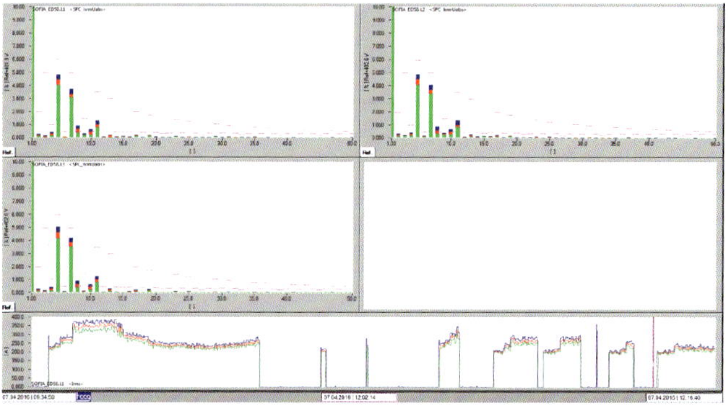

Bild 4.12: Spannungsverzerrung nach Zuschalten eines spannungsgeführten aktiven Filterschrankes der Firma Condensator Dominit, die Grenzwerte werden gerade eingehalten. (gemessen in einem leistungsstarken Netz 3 Transformatoren 1600 kVA parallelmit Euroquant der Firma Haag)

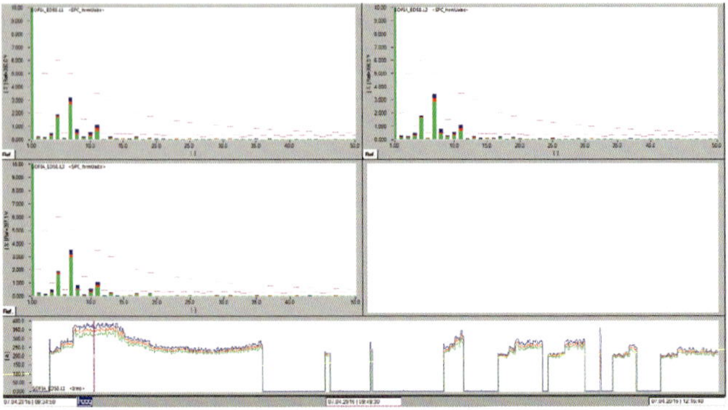

Bild 4.13: Spannungsverzerrung nach Zuschalten von zwei spannungsgeführten aktiven Filterschränken der Firma Condensator Dominit, die Grenzwerte werden deutlich unterschritten, die Energieversorgung hat Laborqualität. (gemessen in einem leistungsstarken Netz,3 Transformatoren 1600 kVA parallel, mit Euroquant der Firma Haag)

- sonstige Verzerrungen

Neben den klassischen Oberschwingungen, die sich durch scharf abgestimmte Filter in den Griff bekommen lassen, gibt es noch Störpotentiale aus Taktfrequenzen, Kommutierungseinbrüchen ausgelöst durch Thyristorantriebe, Netzresonanzen und andere Störungen, die sich nicht oder nur unzureichend durch klassische Oberschwingungen beschreiben lassen. Diese Art von Störpegeln haben den Nachteil, dass sie sich nur schwer mathematisch beschreiben lassen, haben aber den großen Vorteil, dass sie an Hand eines Oszilloskopbildes leicht zu erkennen sind und sich auch sehr leicht durch entsprechende Filter beseitigen lassen. Das die Spannung in Bild 4.14 kein idealer Sinus ist, kann jede Elektrofachkraft erkennen auch ohne das mathematische Instrument der Fouriertransformation zu bemühen. Resonanzen, Taktfrequenzen, Kommutierungseinbrüche und ähnliche Störungen können durch spannungsgeführte geeignete Filter eliminiert werden.

Eine Oszillopskopaufnahme der Spannung sollte daher auf jeden Fall Teil eines jeden ordentlichen Messberichts der Energieversorgungsqualität sein.

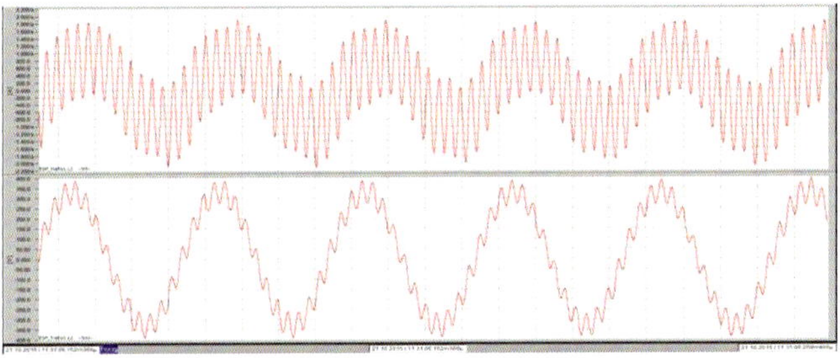

Bild 4.14: Oszilloskopmessung des Stroms und Netzspannung in einem Netz mit einer Netzresonanz in der Nähe von 750 Hz ohne Filtermaßnahmen (gemessen mit Euroquant der Firma Haag))

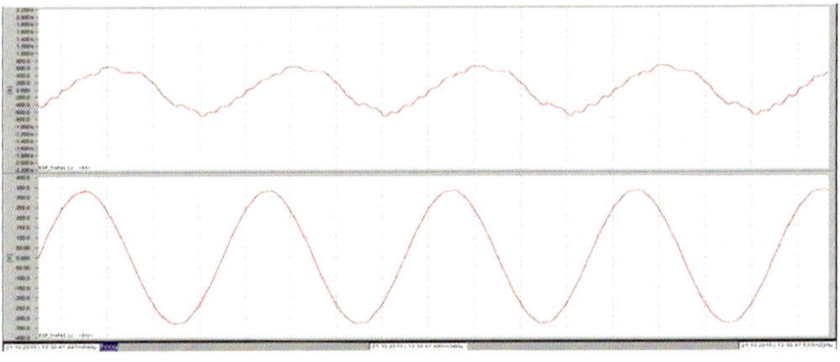

Bild 4.15: Oszilloskopmessung des Stroms und der Netzspannung in einem Netz mit einer Netzresonanz in der Nähe von 750 Hz mit geeigneten Filtermaßnahmen (Messung Condensator Dominit) (gemessen mit Euroquant der Firma Haag)

4.4 Literatur

[4.1] Schlabbach, J.; Mombauer, W: Power Quality – Entstehung und Bewertung von Netzrückwirkungen, Netzanschluss erneuerbarer Energiequellen. VDE-Schriftenreihe 127. VDE-Verlag, Offenbach und Berlin, 2008.

5 Passive und aktive Filteranlagen

5.1 Grundsätzliches

Das historisch gewachsene Drehstromsystem ist zur Übertragung, Verteilung und Umspannung mit Netznennfrequenz ausgelegt. Die stark gewachsene Zahl nichtlinearer Verbraucher, das sind heutzutage überwiegend elektronische Betriebsmittel, die zunächst eine Umwandlung von Wechselstrom in Gleichstrom benötigen, verursachen Oberschwingungsströme, die Verluste in den Betriebsmitteln (z. B. Transformator, Sicherung, Leitungen) verursachen. Neben den ohmschen Verlusten spielen hier mit steigender Frequenz auch Hysterese-, Wirbelstromverluste und Skineffekte eine bedeutende Rolle.

An der Netzimpedanz verursachen die eingeprägten Oberschwingungsströme Spannungsfälle auf allen Spannungsebenen der elektrischen Energieversorgung. Aus Sicht einer Verbraucheranlage stellen sich die durch andere Verbraucheranlagen verursachten Oberschwingungspegel auf der Mittelspannungsebene als eingespeiste Spannungen dar [5.1].

Auch ein Stromkunde, der selbst keine Oberschwingungserzeuger betreibt, ist von Oberschwingungen betroffen (Bild 5.1). Diese Netzvorbelastung ist allgegenwärtig und keine statische

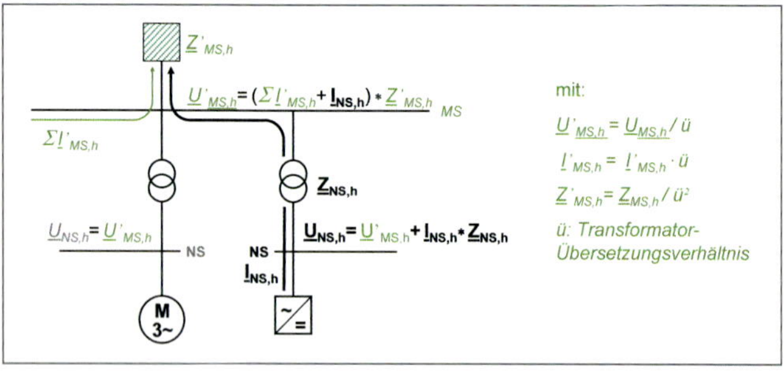

Bild 5.1 Oberschwingungsausbreitung im Mittel- und Niederspannungsnetz

Größe, sowohl die Produktionszeiten größerer Fertigungsbetriebe als auch die Konsumgewohnheiten beispielsweise der Fernsehzuschauer spiegeln sich darin wider.

Oberschwingungsspannungen wirken auf alle am Netz angeschlossenen Betriebsmittel und können zur Beeinträchtigung sowohl des Netzbetriebes (z. B. Erdlöschspule, Rundsteuerempfänger) als auch von Geräten und Anlagen bei Netzbenutzern führen. Auch werden alle anderen, linearen und nichtlinearen Verbraucher entsprechend ihrer Impedanz vom Oberschwingungsstrom durchflossen. Für das Versorgungsnetz wird dadurch der Oberschwingungspegel abgesenkt, man spricht von einer Lastdämpfung. Für den „dämpfenden" Verbraucher stellt sich das z. B. durch höhere thermische Verluste dar.

Unverdrosselte Kondensatoren bilden mit dem ohmsch-induktiven Versorgungsnetz aus Sicht des speisenden Oberschwingungserzeugers einen Parallelschwingkreis (siehe Kap. 1.5 und 1.6). Fallen die erzeugten Oberschwingungsströme in den Bereich der Resonanzverstärkung, steigen die Oberschwingungspegel an, zwischen Versorgungsnetz und Kondensatoren fließt ein Resonanzstrom.

Bild 5.2 zeigt die Netztopologie und die Messung an der Niederspannungsseite eines Transformators in einem Kundennetz mit einer Parallelresonanzfrequenz nach Gl. (5.1):

$$f_{res} \cong f_1 * \sqrt{\frac{S_T}{Q_C \cdot u_k}} = \sqrt{\frac{1000\,kVA}{150k\ \mathrm{var} \cdot 6\,\%}} = 527\,Hz \qquad (5.1)$$

Wegen der stetig wachsenden Zahl nichtlinearer Verbraucher sollte heute gänzlich auf unverdrosselte Kondensatoren verzichtet werden. Für Bestandsanlagen mit hohen Oberschwingungspegeln können darüber hinaus Filtermaßnahmen erforderlich sein, um definierte Netzbedingungen zu erzielen. Bereits im Planungsstadium für Neuanlagen oder bei Erweiterungen bestehender Anlagen sind bei einer Verbrauchertopologie mit einem hohen Anteil nichtlinearer Verbraucher neben einer Blindstromkompensation unbedingt auch Filtermaßnahmen einzuplanen.

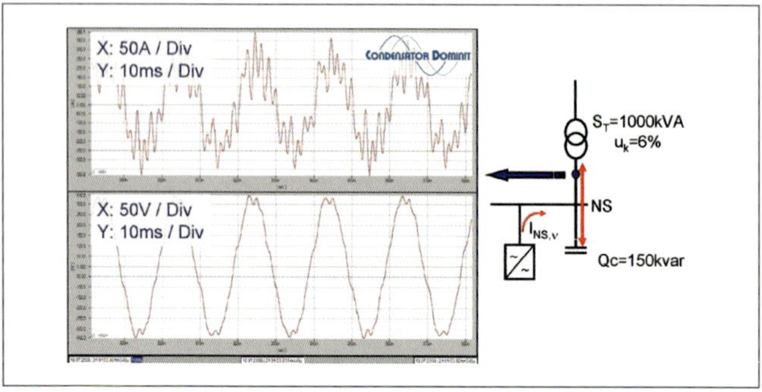

Bild 5.2 Messung eines 550-Hz-Resonanzstroms (Oszillogramm links) an der Niederspannungsseite eines Transformators in einer Kundenanlage mit unverdrosselten Kondensatoren (Netzbild rechts)

Typische Größenordnungen sind hier schwer zu benennen, da es hier verschiedene Grenzwerte zu berücksichtigen gibt, z. B.:

- Zulässige Verträglichkeitspegel nach EMV-Normen für niederfrequente leitungsgeführte Störgröße. [DIN EN 61000-2-2, DIN EN 61000-2-4]
- Zulässige Oberschwingungsströme nach den Technischen Regeln zur Beurteilung von Netzrückwirkungen (Bundesverband der Energie und Wasserwirtschaft, BDEW) [5.2].

EMV-Normen geben u. a. Verträglichkeitspegel und Grenzwerte für Oberschwingungsspannungen an, bei denen Anlagen und Geräte noch nicht unzulässig beeinflusst werden sollten. Dem Kunden mit eigenem Mittelspannungsanschluss ist es im Prinzip selbst überlassen, diese Grenzwerte in seinem Netz zu beachten oder sogar höhere Anforderungen zu stellen. Die Technischen Regeln zu Beurteilung von Netzrückwirkungen [5.2] geben dagegen Oberschwingungsströme vor, die eine Kundenanlage in das Energieversorgungsnetz zurückspeisen darf; dabei handelt es sich um Vorgaben der Netzbetreiber. Neben Forderungen, die aus Normen und Anschlussbedingungen der Netzbetreiber erwachsen, ist die Einsparung von Wirkverlusten und die

Schaffung freier Netzkapazitäten ein wichtiger Punkt für den Stromkunden.

- Unverdrosselte Kompensationen verursachen Resonanzstellen und sind für Netze mit nichtlinearen Verbrauchern nicht geeignet.
- Verdrosselte Kompensationen vermeiden bei geeigneter Auslegung diese kritischen Resonanzstellen.

5.2 Oberschwingungserzeuger

Typische nichtlineare Verbraucher sind Stromrichter für Gleichstromantriebe, Frequenzumrichter, aber auch Schaltnetzteile in Fernsehgeräten und PC. Ein nichtlinearer Verbraucher hat eine Stromaufnahme, die bei sinusförmiger Netzspannung nicht sinusförmig ist. Der Glättungskondensator der Gleichrichterschaltung im Bild 5.3 wird z. B. nachgeladen, sobald die Netzspannung größer ist als die Gleichspannung am Kondensator. Der resultierende Stromverlauf ist ein kurzer, starker Strompuls unmittelbar vor dem Scheitelpunkt der Netzspannung. Mit Fourieranalyse lässt sich jedes periodische Signal in Frequenzanteile mit Vielfachen der Grundfrequenz zerlegen. Für Gleichrichterschaltungen ergibt die Analyse Frequenzanteile der Ordnung $n = n \cdot p \pm 1$ (n: alle ganzen Zahlen, p: Pulszahl). Die einphasige Gleichrichterschaltung ($p = 2$) hat also Frequenzanteile der Ordnung 3, 5, 7, 9, 11, … (150 Hz, 250 Hz, 350 Hz, 450 Hz, 550 Hz …). 6-Puls-Brückenschaltungen verursachen die Oberschwingungsordnungen 5, 7, 11, 13 … (250 Hz, 350 Hz, 550 Hz, 650 Hz). Bild 5.4. zeigt die Stromverläufe und das Oberschwingungsspektrum typischer Verbraucher. Die diskreten Frequenzen werden üblicherweise als Balkendiagramm dargestellt, die Frequenzachse wird mit der Ordnungszahl n beschriftet. Die Grundschwingung hat hierbei die Ordnung 1, die auch 1. Teilschwingung genannt wird.

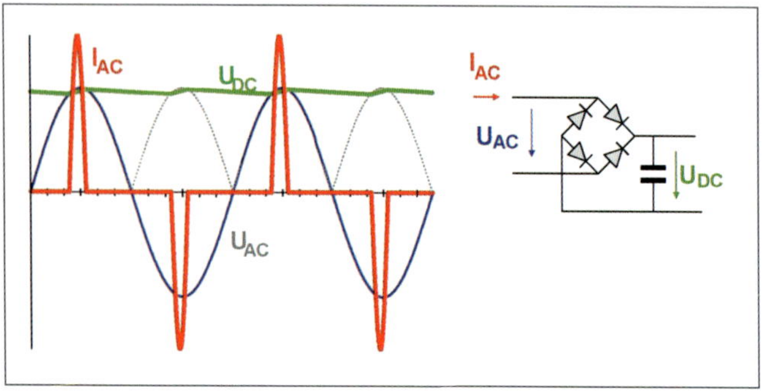

Bild 5.3 Nichtlineare Stromaufnahme einer Gleichrichterschaltung

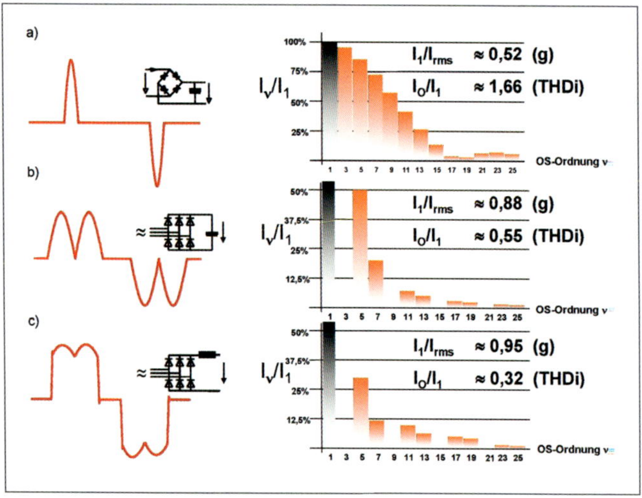

Bild 5.4 Stromverlauf und Oberschwingungen

a) einer einphasigen Gleichrichterschaltung mit kapazitiver Glättung (z. B. Schaltnetzteile in TV, PC ...)

b) einer 6-Puls-Brückenschaltung mit kapazitiver Glättung (z. B. Frequenzumrichter)

c) einer 6-Puls-Brückenschaltung mit induktiver Glättung (z. B. Stromrichter für Gleichstromantriebe)

- In industrieller Umgebung finden sich überwiegend leistungselektronische Verbraucher mit 6-Puls-Brückenschaltung. Die erste dominante Oberschwingung ist die 5. OS mit 250 Hz.
- In seltenen Fällen werden auch zweiphasige nichtlineare Verbraucher verwendet; die erste dominante Oberschwingung ist die 3. OS mit 150 Hz.
- In Netzen mit überwiegend einphasigen elektronischen (230-V-)Verbrauchern ist die erste Dominante die 3. Oberschwingung, die zwischen den Phasen und Neutralleiter erzeugt wird

5.3 Filterwirkung verdrosselter Kompensationsanlagen (verstimmte Filter)

Die Abstimmfrequenz verdrosselter Kompensationsanlagen wird gezielt unterhalb der ersten dominanten Oberschwingung gelegt, um unerwünschte Resonanz zu verhindern, wie sie z. B. beim Betrieb mit unverdrosselten Kondensatoren auftritt; siehe DIN EN 61642. Aus dem Impedanzverlauf von Kompensation und vorgelagertem Netz (Bild 5.5) ergibt sich bereits eine moderate Filterwirkung. Durch die Kompensation verringert sich die Netzimpedanz aus Sicht des Oberschwingungserzeugers, bei gleichen eingeprägten Oberschwingungsströmen werden die resultierenden Oberschwingungspegel kleiner.

Da ein Teil des Oberschwingungsstroms durch die Kompensation abfließt, steigt die Strom- und Spannungsbelastung der Kondensatoren. Entsprechend DIN EN 60831 für selbstheilende Leistungsparallelkondensatoren für Wechselstromanlagen mit einer Nennspannung bis 1000 V, müssen die Kondensatoren mindestens für 1,3-fachen Bemessungsstrom In ausgelegt sein. 10 % der Reserven sind dabei für Netzspannungstoleranzen vorgesehen, verbleiben unter Berücksichtigung des Orthogonalitätsprinzips, siehe Gl. (5.2), 69 % des Bemessungsstromes für Oberschwingungsströme:

$$I_{OS} = \sqrt{(1{,}3\,I_n)^2 - (1{,}1\,I_n)^2} = 0{,}69 \cdot I_n \qquad (5.2)$$

Bild 5.7 zeigt beispielhaft die relative Zunahme der Effektivstrombelastung in Abhängigkeit von der 5. Oberschwingung für verschiedene Verdrosselungen. Mit abnehmendem Verdrosselungsgrad der Kondensatoren wird zwar die Saugwirkung besser (Bild 5.6), die Belastung der einzelnen Komponenten einer Kompensation nimmt aber zu.

Werden die vom Hersteller angegebenen zulässigen Werte überschritten, muss mit einer Reduzierung der Lebensdauer gerechnet werden.

Die alleinige Verstärkung der Kondensatoren zur Erhöhung der Lebensdauer bringt aber wenig. Durch die nichtlineare Magnetisierungskennlinie der Drosseln wird z. B. auch die Induktivität mit zunehmendem Effektivstrom kleiner und damit die Reihenresonanzfrequenz größer. Die Resonanzfrequenz verschiebt sich also in Richtung der ersten dominanten Oberschwingung. Filterwirkung und Strombelastung der Kompensationsanlage steigen da-

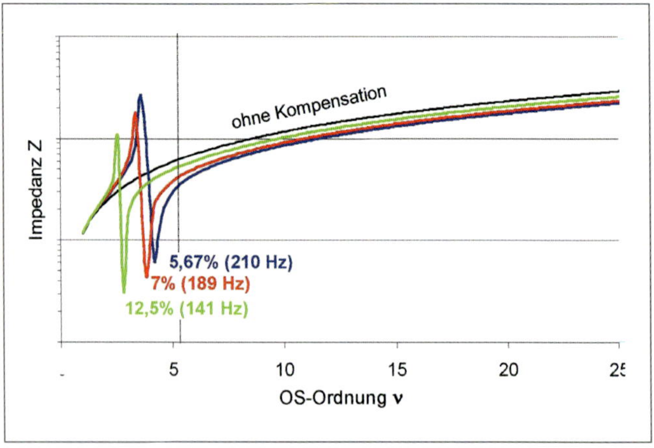

Bild 5.5 Impedanzverlauf für verschiedene Verdrosselungsgrade

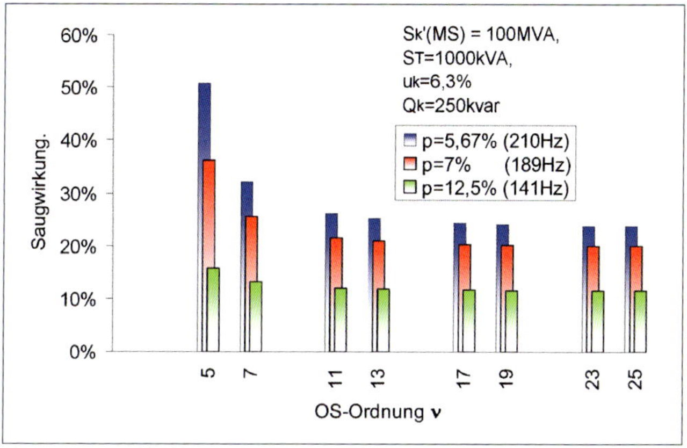

Bild 5.6 Saugwirkung für verschiedene Verdrosselungsgrade

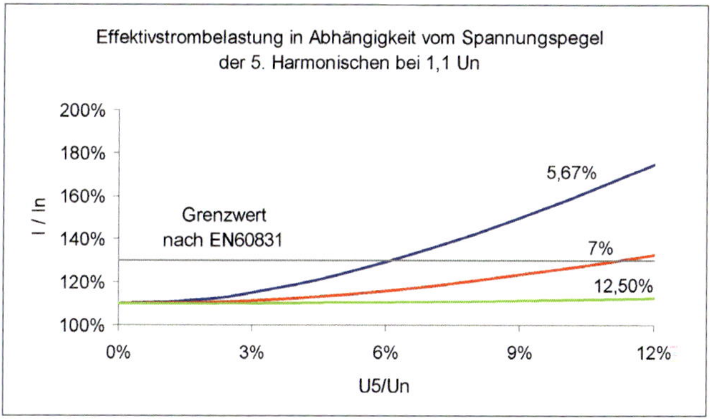

Bild 5.7 Strombelastung für verschiedene Verdrosselungsgrade

durch weiter an und die Induktivität nimmt wiederum ab. Beim Zuschalten einer Kompensationsstufe kann der zusätzliche Einschaltstrom die Drosselinduktivität sogar so weit absenken, dass es zum sogenannten „Drosselkippen" kommt und die Stufensicherungen auslösen.

Dieses Phänomen kann z.B. beim Anfahren von Produktionsanlagen auftreten. Die nichtlinearen Verbraucher verursachen dann schon im beträchtlichen Umfang Oberschwingungspegel, während die Blindstromkompensation erst mit ihrer spezifischen Regelverzögerung nacheilend die Kompensationsstufen zuschaltet. Die im zeitlichen Ablauf zuerst einschaltenden Stufen der Blindstromkompensation werden dabei mit den max. Oberschwingungspegeln konfrontiert. Sind erst mehrere Stufen zugeschaltet, ist der kritische Punkt häufig durchfahren, der Oberschwingungsstrom verteilt sich dann auf viele Kompensationsstufen und senkt die Oberschwingungspegel ab. Eine Auslegung der Kondensatoren für eine stärkere Strombelastbarkeit ist daher keine wirksame Lösung, wenn der Verdrosselungsgrad der Kompensation und die Linearität der Drossel nicht auch der Belastungssituation angepasst sind.

Für die Praxis entscheidende Kennwerte sind letztlich die zulässigen Oberschwingungspegel, für die die Kompensationsanlage ausgelegt ist. In der Praxis haben sich hier Grenzwerte für die 5. Oberschwingung von 5 % und in Summe 5 % für die höheren Oberschwingungen bewährt. Eine Verdrosselung in der Größenordnung von 7 % ist bezüglich der Wirtschaftlichkeit und der Betriebsverluste eine gute Wahl, sofern die örtliche Rundsteuerfrequenz dies zulässt (siehe Kap. 1.5: Reihen- und Parallelresonanzen) und der Anteil der 3. Oberschwingung zwischen den Außenleitern gering ist. Neben einer moderaten Saugwirkung zeichnet sich die Verdrosselung durch eine sehr gute Langzeitstabilität aus (siehe Kap. 3.24: Alterung und Langzeitstabilität). Bei höheren Oberschwingungspegeln kann eine Kompensationsanlage zwar für höhere Oberschwingungspegel ertüchtigt bzw. ausgelegt werden, für das Energieübertragungs- und Verteilsystem und vor allem auch für die Betriebsmittel findet aber nur eine begrenzte Entlastung statt. Auch können häufig die Vorgaben der Netzbetreiber bezüglich der Emissionswerte einer Verbraucheranlage nicht eingehalten werden. Hier sind dann gezielte Filtermaßnahmen angeraten.

- Verdrosselte Kompensationsanlagen dienen, neben der Blindleistungskompensation, in erster Linie der Vermeidung kritischer Resonanzstellen und nicht der Reduzierung von Oberschwingungen.
- Bei einem Oberschwingungsangebot auf relativ niedrigem Niveau begünstigt die moderate Saugwirkung der verdrosselten Kompensation eine zusätzliche Absenkung der Oberschwingungspegel und verbessert so die Spannungsqualität (Netzqualität).
- Bei höheren Oberschwingungslastanteilen sind gezielte Filtermaßnahmen erforderlich, mit der Ertüchtigung einer Kompensation wird nur an den „Symptomen“ gefeilt.

5.4 Passive Filterkreise

Netzparallel betriebene, passive Filterkreise sind speziell für die oben beschriebenen Belastungen konzipiert und werden meistens als scharf abgestimmte Filter realisiert. Scharf abgestimmte Filter in industriellen Netzen sind auf die umrichtertypischen, ganzzahligen Oberschwingungen der Ordnung $n = 5, 7, 11, 13, \ldots$ abgestimmt. Genauso wie verdrosselte Kompensationsanlagen bestehen sie aus einer Reihenschaltung von Induktivität und Kapazität, die Eigenschaft der Serienresonanz wird hier aber gezielt genutzt, um Oberschwingungsströme abzusaugen und damit Netze zu entlasten (Bild 5.8).

Neben der bereitgestellten Kompensationsleistung ist die zweite wichtige Kenngröße daher die Oberschwingungsstrombelastbarkeit. Die Kondensatoren müssen unter der Berücksichtigung von 10 % Netzspannungsschwankungen für eine Effektivstrombelastung nach Gl. (5.3)

$$I_{RMS} = \sqrt{(1{,}1 \cdot I_n)^2 + \sum_{\nu} (I_{FK,\nu})^2} \qquad \text{mit } \nu > 1 \tag{5.3}$$

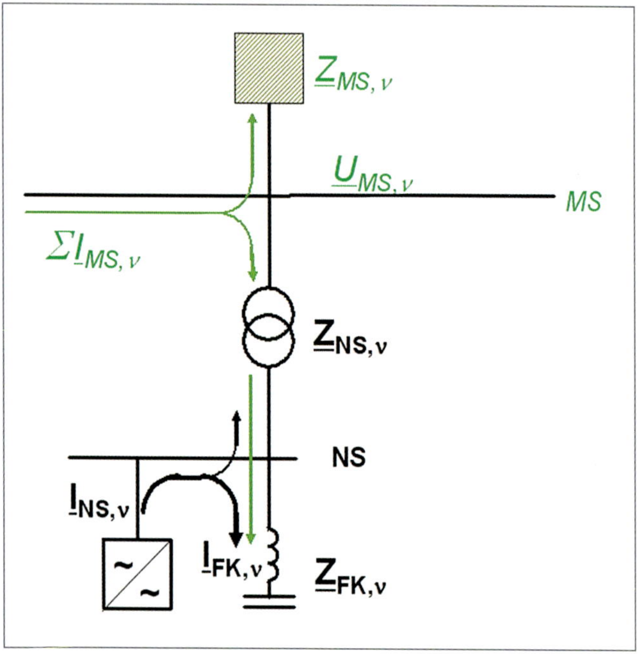

Bild 5.8 Oberschwingungsstromausbreitung mit Filterkreis

ausgelegt sein. Die Oberschwingungsströme im Kundennetz lassen sich aus der Verbrauchertopologie oder aber messtechnisch relativ einfach bestimmen. Zusätzlich ist unbedingt die Vorbelastung des übergeordneten Netzes zu berücksichtigen. Über die relativ niedrige Transformatorimpedanz fließt ein nicht zu vernachlässigender Oberschwingungsstrom aus der Mittelspannungsebene in den Filterkreis (Bild 5.8).

Die maximale Spannungsbelastung der Kondensatorelemente im Filterkreis ergibt sich aus der Grundschwingung bei 1,1-facher Netznennspannung und den Oberschwingungsspannungen. Da die Phasenlage häufig nicht bekannt ist, kann der ungünstigste Wert durch lineare Addition gemäß Gl. (5.4) bestimmt werden.

$$U_{c,max} = \frac{1{,}1 \cdot U_n}{(1-p)} + \sqrt{3} \cdot \sum_{\nu} \left(I_{OS,\nu} \cdot \frac{U_n^2}{Q_n \cdot (1-p) \cdot \nu} \right) \tag{5.4}$$

Die Saugwirkung wurde bereits, ohne den Begriff weiter zu erklären, zum Vergleich verschiedener Verdrosselungsgrade einer Kompensation herangezogen. Definiert ist die Saugwirkung als der relative Oberschwingungsstrom, der über den Filterkreis bzw. über die Kompensation abfließt. Bezugsgröße ist der im betrachteten Netzbereich von der nichtlinearen Last erzeugte Oberschwingungsstrom. Da diese Größe mit Hilfe der Stromteilerregel über das Impedanzverhältnis von Versorgungsnetz und Filterkreis festgelegt ist, ergibt sich eine leicht zu ermittelnde Kenngröße, mit der die Filterwirkung ohne Kenntnisse der nichtlinearen Betriebsmittel beschrieben werden kann, siehe Gl. (5.5).

$$\frac{\underline{I}_{FK,\nu}}{\underline{I}_{NS,\nu}} = \frac{\underline{Z}_{NS,\nu} + \underline{Z}_{MS,\nu}}{\underline{Z}_{NS,\nu} + \underline{Z}_{MS,\nu} + \underline{Z}_{FK,\nu}} \tag{5.5}$$

Ein idealer Filterkreis hätte also bei seiner Abstimmfrequenz eine Saugwirkung von 100 %. Durch Verluste in Drossel, Kondensator und Leitungswegen reduziert sich die Saugwirkung. In Kenntnis des Kapazitätsabbaus von Leistungskondensatoren werden scharf abgestimmte Filterkreise geringfügig unterhalb der Nennfrequenz des Filterkreises abgestimmt. Über seine Lebensdauer bleibt der Serienresonanzkreis dann bei Nennfrequenz induktiv und ungewollte Resonanzen mit dem Netz werden vermieden. Die Saugwirkung lässt sich unter Vernachlässigung der ohmschen Verlustanteile nun relativ einfach bestimmen, sie wird maßgeblich durch die Netzimpedanz, die Abstimmfrequenz und die installierte Filterleistung bestimmt. Bild 5.9 zeigt die typische Saugwirkung für Filterkreise mit verschiedenen Abstimmfrequenzen. Bemerkenswert ist die hohe Saugwirkung auch bei hohen Frequenzen, passive Filter haben eine breitbandige Filterwirkung.

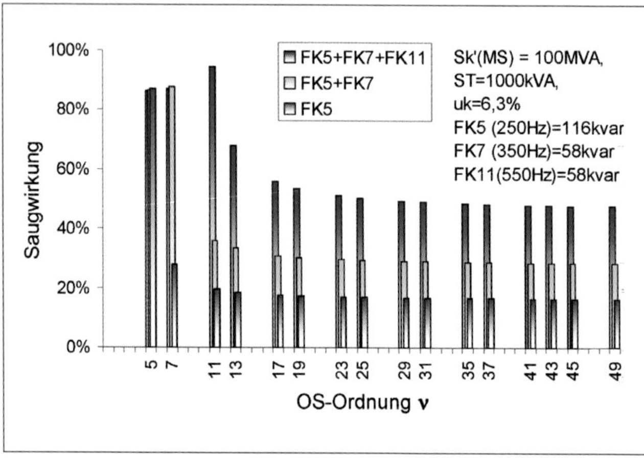

Bild 5.9 Saugwirkung von Filterkreisen

Durch die scharfe Abstimmung lassen sich Filterkreise nicht wie eine Blindstromkompensation regeln. Die Oberschwingungserzeugung korreliert nicht mit dem Kompensationsbedarf, Stufen gleicher Abstimmfrequenz können daher überlastet werden, wenn sie nur nach dem Blindstrombedarf zu- und abgeschaltet werden. Diese Gefahr besteht insbesondere dann, wenn der Kompensationsbedarf niedrig ist und die Oberschwingungserzeugung groß ist. Zwar gibt es regelungstechnische Verfahren, die sowohl die Spannungsverzerrung als auch den Blindstrombedarf berücksichtigen [5.3], in der Praxis begnügt man sich aber fast immer damit, Filterkreise gleicher Abstimmfrequenz nahezu zeitgleich zuzuschalten.

Ist eine Regelung erforderlich, werden Filterkreise gerne auf die Grundlastkompensation und maximal auftretende Oberschwingungsbelastung ausgelegt, der variable Blindstrombedarf wird in diesem Fall mit konventionellen Regelanlagen kompensiert. Mehrstufige Anlagen mit Filterkreisen unterschiedlicher Abstimmfrequenz lassen sich in begrenztem Umfang auch durch Zu- oder Abschalten der Stufen höherer Abstimmfrequenz auf den benötigten Blindstrombedarf einstellen.

Bei mehrstufigen Filterkreisanlagen wechseln sich die Polstellen der Parallelresonanz (hohe Impedanzwerte) und die Nullstellen der Reihenresonanz (niedrige Impedanzwerte) im Impedanzverlauf immer ab. Die Nullstellen werden auf die dominanten Oberschwingungsfrequenzen gelegt. Die Polstellen müssen wiederum auf Frequenzen liegen, in denen keine nennenswerten Oberschwingungsströme auftreten. Um das für alle Betriebszustände sicherzustellen, werden die Filterkreise lückenlos aufgebaut, d.h., bis zur höchsten vertretenen Abstimmfrequenz werden alle dominanten Frequenzen gefiltert. Auch beim Zuschalten der Anlage dürfen keine kritischen Resonanzverstärkungen durchfahren werden. Die Filterkreise werden darum stets mit aufsteigender Ordnungszahl zugeschaltet und mit fallender Ordnungszahl abgeschaltet. Bild 5.10 zeigt den

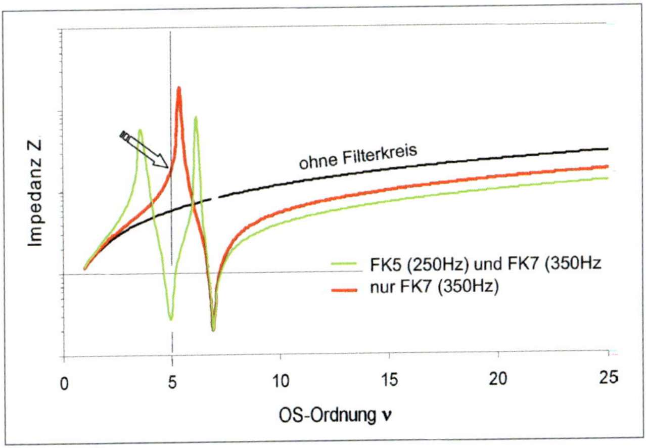

Bild 5.10 Resonanzverstärkung durch fehlenden 250-Hz-Kreis

Impedanzverlauf eines Filters mit Abstimmfrequenzen 250 Hz und 350 Hz und die auftretende Resonanzverstärkung bei etwa 260 Hz im Fall eines fehlenden 250-Hz-Filters.

Bei Filterkreisen gleicher Abstimmfrequenz können sich Bauteiletoleranzen in eine stark unterschiedliche Oberschwingungsstrombelastung auswirken. Man verwendet daher zwischen den Filterkreisen geschaltete Ausgleichsleitungen, die eine gleichmäßige Belastung erzwingen (Bild 5.11). Mit Kommutierungsdrosseln können Filterkreise weitgehend vom Netz entkoppelt werden (Bild 5.12). Durch die schwache Netzankopplung spielt die Netzvorbelastung nur noch eine untergeordnete Rolle. Der Aufbau ist nun der eines Durchgangsfilters, das einem Oberschwingungserzeuger oder einem bestimmten Anlagenteil zugeordnet ist und für diesen ausgelegt wird. Gleichzeitig erhöht sich die Saugwirkung, da sich die Netzimpedanz aus Sicht des Oberschwingungserzeugers vergrößert.

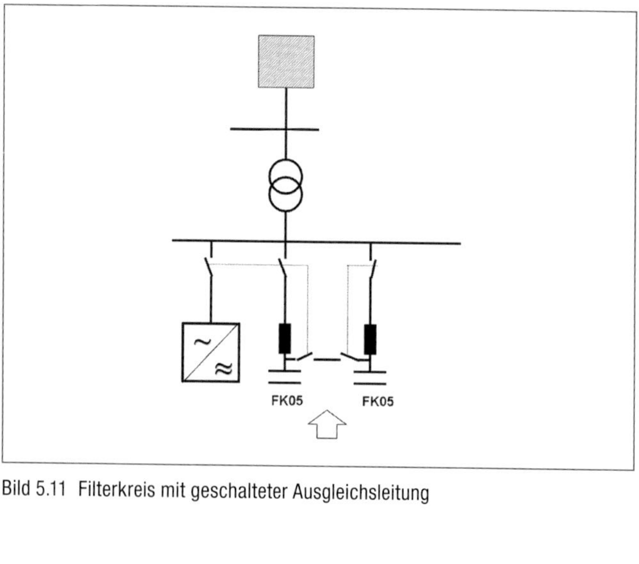

Bild 5.11 Filterkreis mit geschalteter Ausgleichsleitung

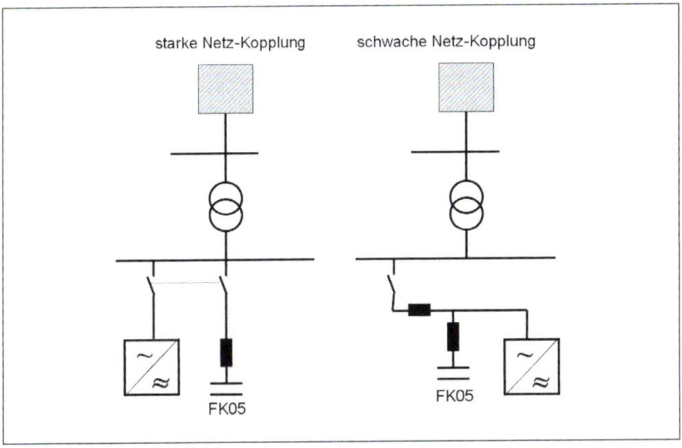

Bild 5.12 Filterkreis mit starker (links) und schwacher (rechts) Netzankopplung

Vorteilhaft wirkt sich diese Variante auch bei Stromrichtern mit induktiver Glättung aus [5.4]. Beim Stromübergang von einem auf das nächste Ventil fließt kurzzeitig ein hoher Kurzschlussstrom. Dieser Kommutierungsvorgang bewirkt einen deutlichen Spannungseinbruch. Die Kommutierungsdrossel stellt zusammen mit dem überwiegend induktiven Versorgungstransformator einen Spannungsteiler dar, der die Kommutierungstiefe begrenzt.

- Scharf abgestimmte passive Filterkreise nutzen die Serienresonanz gezielt zur Absaugung einzelner Oberschwingungen und reduzieren damit die Spannungsverzerrung. Die Filterwirkung ist breitbandig.
- Die Impedanz des Filterkreises im Verhältnis zur Impedanz des Netzes bestimmt die Filterwirkung.
- Die Filterkreisauslegung erfolgt nach den vorhandenen Oberschwingungsströmen und dem Blindstrombedarf.
- Filterkreise sind nur begrenzt regelbar.

Nachfolgende Messungen zeigen ein praktisches Beispiel. Ein Stromrichter für einen Kneter in der Reifenindustrie wird in seinem Betriebspunkt mit einer Wirkleistungsaufnahme von 450 kW betrieben. Die Einspeisung erfolgt über zwei parallel geschaltete 1250-kVA-Transformatoren mit einer relativen Kurzschlussspannung von 6 %. Die Messungen zeigen den typischen Betrieb ohne und mit 174-kvar-Filterkreis für die 5. Oberschwingung. Filterkreis und Stromrichter sind über eine Kommutierungsdrossel am Netz angeschlossen (schwache Netzkopplung). Ohne Kommutierungsdrossel wäre eine Filterkreisdimensionierung aufgrund der Netzvorbelastung auf der Mittelspannungsebene und der relativ kleinen Trafoimpedanz für einen fast doppelt so großen Oberschwingungsstrom erforderlich gewesen. Durch die Kompensationsleistung des Filterkreises sinkt der Grundschwingungsstrom von 1460 A auf 750 A (Bild 5.13). Die Saugwirkung für die 5.Oberschwingung liegt bei ca. 86 %. Der Oberschwingungspegel der 5. OS geht von 6.8 % auf 0,7 % zurück (Bild 5.14). Durch die breitbandige Wirkung des Filterkreises werden auch höhere Oberschwingungen beträchtlich reduziert. Die Kommutierungseinbrüche werden von ca. 100 % ohne Filter auf ca. 27 % mit Filter reduziert (Bild 5.15).

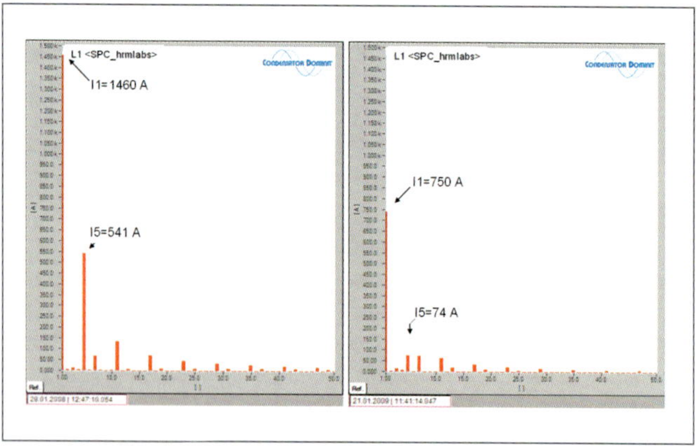

Bild 5.13 Oberschwingungsströme am Trafo ohne (links) und mit Filterkreis (rechts)

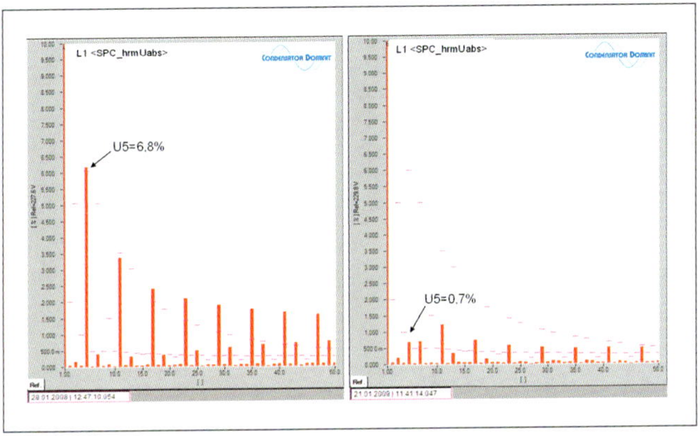

Bild 5.14 Oberschwingungsspannungspegel am Trafo ohne (links) und mit Filterkreis (rechts)

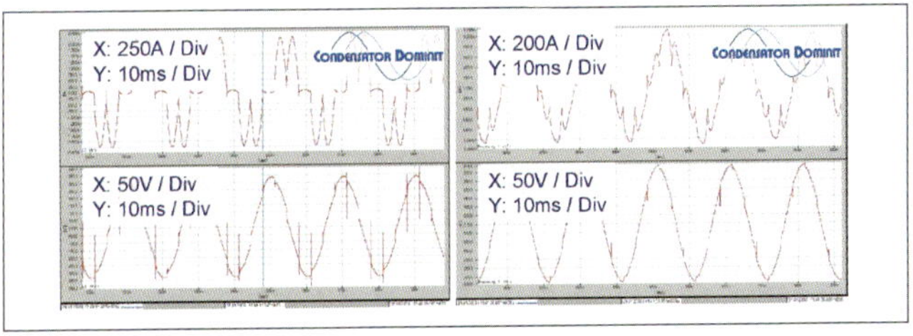

Bild 5.15 Strom- (oben) und Spannungsverläufe (unten) ohne Filterkreis (links) und mit Filterkreis (rechts)

5.5 Aktive Filter

Aktive Netzfilter sind auf Wechselrichtertechnologie basierende Stromquellen. Sie liefern den vom Verbraucher bezogenen Oberschwingungsstrom, so dass im Idealfall aus dem Energieversorgungsnetz nur noch der Grundschwingungsstrom bezogen wird. Bild 5.16 zeigt die grundsätzliche Anordnung für ein netzparallel betriebenes Aktivfilter und die zugehörigen Stromverläufe im Zeit- und Frequenzbereich.

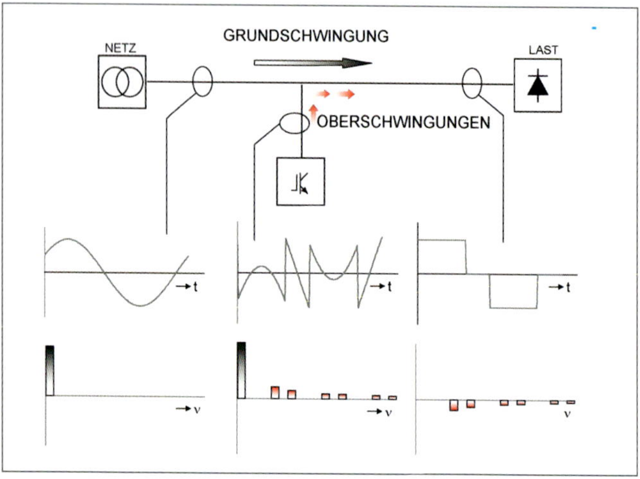

Bild 5.16 Grundsätzliche Wirkungsweise netzparallel betriebener Aktivfilter

Der industriellen Entwicklung im Bereich der Stromrichtertechnologie folgend, haben Aktivfilter mit U-Umrichter mit kapazitivem Zwischenkreis im Niederspannungssegment die größte Marktpräsenz. Andere technologische Lösungen, die z. B. mit Schwungmassenspeicher arbeiten, sind durchaus denkbar und auch schon realisiert worden. Die Modulation des Filterstromes erfolgt z. B. mit einer IGBT-Brückenschaltung nach Bild 5.17. Die Zwischenkreiskondensatoren werden aktiv über die Brückenschaltung geladen und bilden eine Gleichspannungsquelle. Die Gleichspannung muss dabei über dem Scheitelwert der Netzspannung liegen, um einen Strom über die Stromdrossel und Ausgangsfilter in das Netz treiben zu können.

In der vereinfachten einphasigen Schaltung nach Bild 5.18. schließen die Schalter T1 / T4 einen Strompfad, um einen Strom $i(t)$ in positiver Richtung zu treiben, und T2 / T3 schließen für einen Strompfad in negativer Richtung. Einfache Analogregler arbeiten als Zweipunktregler, die Umschaltung des Strompfades erfolgt, sobald die aus einem Referenzsignal erzeugte obere bzw.

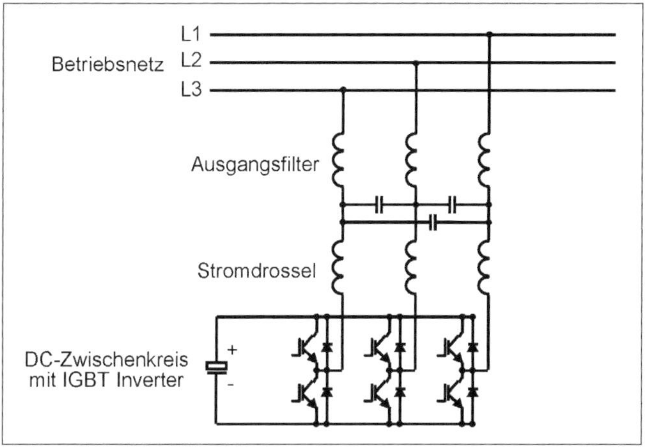

6.17 Anordnung einer IGBT-Brückenschaltung mit Stromdrossel und Ausgangsfilter

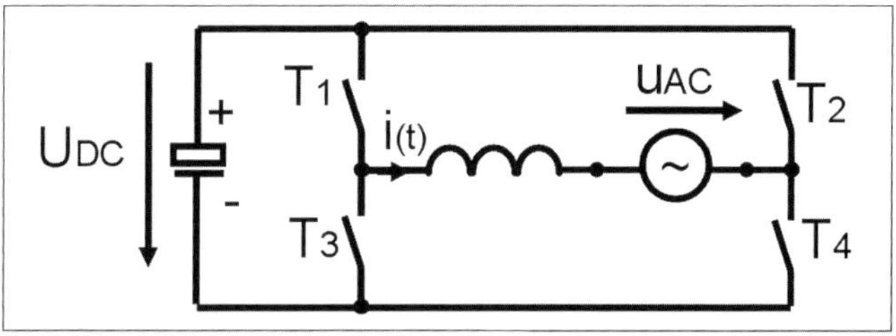

Bild 5.18 Vereinfachte Brückenschaltung

untere Hüllkurve über- bzw. unterschritten wird. Die sich ergebende Periodendauer bzw. Taktfrequenz ist dabei variabel. Die Mittelwertbildung mit einem nachfolgenden Tiefpass ergibt den zu synthetisierenden Strom. In der Praxis lässt sich die Taktfrequenz nicht vollständig filtern, ein Teil der Taktfrequenz bleibt immer bestehen und schlägt sich entsprechend der Netzimpedanz auch in der Netzspannung nieder. Vorteilhaft sind daher aufwendigere Regler, die nach dem Prinzip der Pulsweitenmodulation arbeiten und eine feste Taktfrequenz erzielen. Letztere ist einfacher zu filtern als die breitbandige Taktfrequenz des Zweipunktreglers. Bilder 5.19 und 5.20 zeigen die beiden Modulationsverfahren bei der Erzeugung eines sinusförmigen Stromverlaufs.

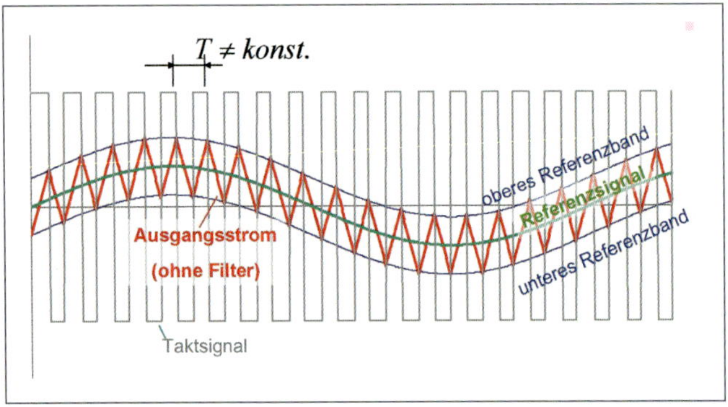

Bild 5.19 IGBT-Pulsmuster und Drosselstrom zur Synthetisierung eines sinusförmigen Stromverlaufs mit Zweipunktregler

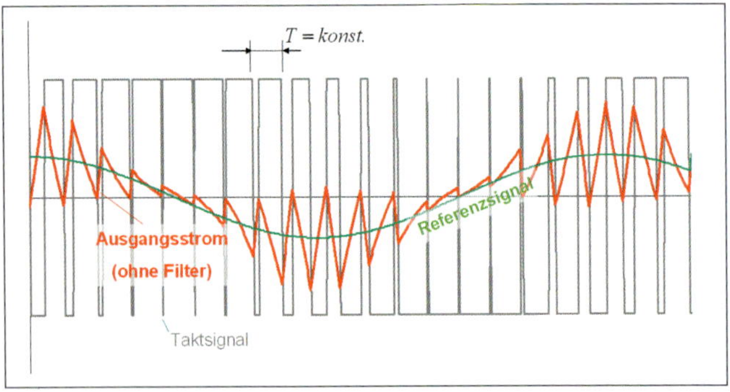

Bild 5.20 IGBT-Pulsmuster und Drosselstrom zur Synthetisierung eines sinusförmigen Stromverlaufs mit Pulsweitenmodulation bei fester Taktfrequenz

Die mindestens erforderliche Taktfrequenz muss nach dem Nyquistkriterium doppelt so hoch sein wie die höchste zu erzeugende Frequenz. Da alle Normen und technischen Regeln Oberschwingungsgrenzwerte bis zur fünfzigsten Oberschwingung definieren, ist mindestens eine Taktfrequenz von 5 kHz in 50-Hz-Systemen erforderlich. Die Frequenzanalyse von schnellen Stromänderungen, wie sie z. B. bei Kommutierungen auftreten, zeigt noch deutlich höhere Frequenzanteile. Aktive Filter werden aufgrund ihrer endlichen Taktfrequenz hier schnell an ihre physikalischen Grenzen geführt.

Die Spannungsdifferenz von Zwischenkreis und Netzspannung treibt über die Stromdrossel und Tiefpassfilter einen Strom. Die Ausgangsreaktanz steigt nun aber mit der Frequenz. Daher ist bei gegebener endlicher Zwischenkreisspannung der Oberschwingungsstrom, der von dem Aktivfilter eingespeist werden kann, bei hohen Frequenzen kleiner als bei niedrigen Frequenzen. Definiert sich der Nennstrom des Filters bei niedrigen Frequenzen noch über die Effektivstrombelastbarkeit der Komponenten (thermische Grenze), so gibt es für die höheren Frequenzen die Spannungsgrenze des Zwischenkreises; siehe Bild 5.21.

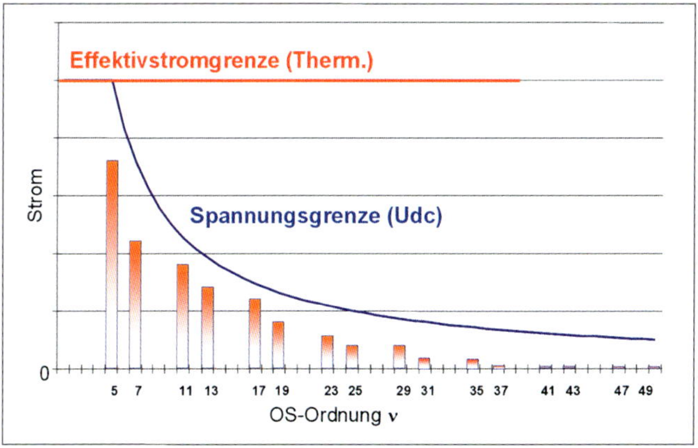

Bild 5.21 Grenzkurve bei einem Filter mit einem Nennstrombereich bis 250 Hz, unterlegt mit dem Spektrum eines typischen OS-Erzeugers

Die Grenzkurve bedeutet im Normalfall keinerlei Einschränkungen. Auch die Stromoberschwingungen typischer 6-Puls-Umrichter werden mit zunehmender Frequenz kleiner und folgen dem reziproken Verlauf der Filtergrenzkurve. Bei bekanntem Oberschwingungsspektrum der Verbraucher ist der Nennstrom des Aktivfilters größer als die geometrische Summe der zu filternden Oberschwingungsströme zu wählen. Außerdem muss jede zu filternde Einzeloberschwingung unterhalb der Filtergrenzkurve liegen.

Neben Effektivstrom und Spannungsgrenze gibt es noch eine weitere wichtige Kenngröße, die der Einfachheit halber im Zeitbereich erklärt wird. Bei netzgeführten Gleichrichterschaltungen wird der Zwischenkreis im Bereich des Scheitelwertes der Netzspannung nachgeladen. Während dieser kurzen Stromflussdauer wird im Verhältnis zum Grundschwingungsstrom vom Verbraucher ein relativ großer Spitzenstrom bezogen. Das Verhältnis des Scheitelwertes zum Effektivwert wird durch den Crestfaktor beschrieben. Bild 5.22 zeigt verschiedene Kurvenverläufe mit Angabe der Crestfaktoren und zugehörigem *THDI*. In industrieller Umgebung finden sich Crestfaktoren in der Größenordnung von 2, in Netzen mit überwiegend einphasiger nichtlinearer Verbrauchertopologie (Datacenter / Bürogebäude) liegt der typische Crestfaktor zwischen 2 und 3. Zur effektiven Reduzierung von Oberschwingungsströmen muss ein Aktivfilter diesen kurzen Spitzenstrom aufbringen können.

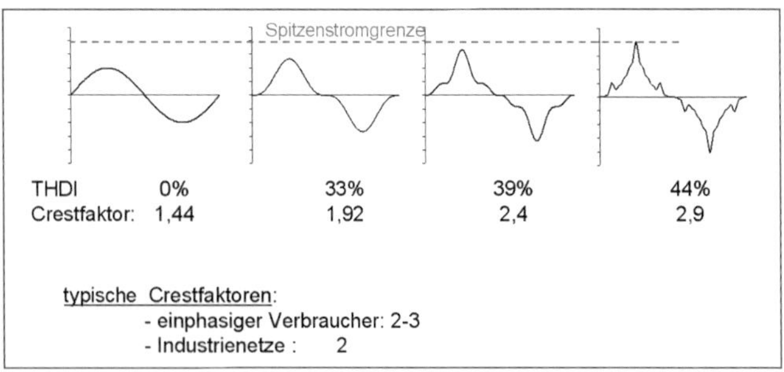

Bild 5.22 Crestfaktoren für verschiedene Kurvenverläufe

In dem aktiven Netzfilter PQF (Power Quality Filter) nach Bild 5.23 wird die relative Auslastung bezüglich dieser Grenzen angezeigt. Die erste Zeile „Udc“ steht für die Spannungsgrenze, „Ipeak“ für die Spitzenstromgrenze und „Irms“ für die Effektivstromauslastung. Zusätzlich wird noch die relative Betriebstemperatur ausgewertet.

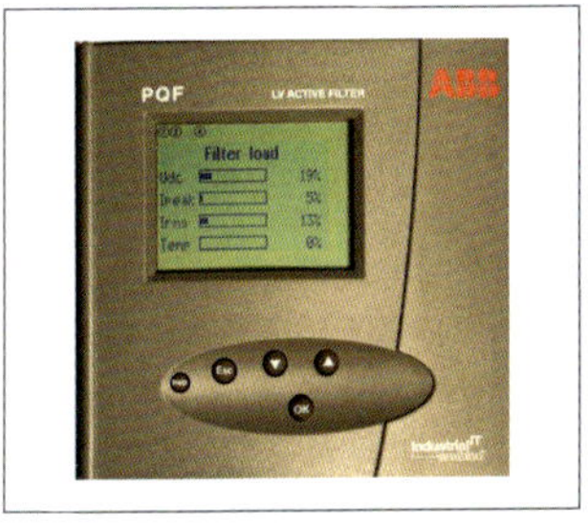

Bild 5.23 Monitoring-Funktion an einem aktiven Netzfilter (Werksfoto Condensator Dominit)

Erst mit der Steuer- und/oder Regeleinheit wird aus dem Stromrichter ein Aktivfilter. Die ersten Filter arbeiteten noch rein analog, indem die gemessene Regelgröße mit einem Referenzsinus verglichen wurde. Als Messgröße wird bei den gängigen Aktivfiltern der Strom genommen, der über Stromwandler erfasst wird. Die ermittelte Differenz wird vom Stromrichter in das Netz eingespeist, so dass sich ab dem Verknüpfungspunkt ein sinusförmiger Stromverlauf einstellt. Neben der reinen Oberschwingungskompensation können aktive Filter auch Spannungsschwankungen (Flicker) reduzieren, Grundschwingungsblindstrom kompensieren und Phasenströme symmetrieren.

Mit dem Fortschritt der digitalen Signalverarbeitung arbeiten aktive Filter heute fast ausnahmslos mit digitalen Signalprozessoren. Bei Oberschwingungsfiltern wird der gemessene Strom mit einer FFT-Analyse im Frequenzbereich abgebildet und die einzelnen Oberschwingungen können auf eingestellte Grenzwerte reduziert werden. Dieses Verfahren ist besonders effektiv, da nicht der gesamte Frequenzbereich gefiltert werden muss und die einzelnen Oberschwingungsströme nur auf einen evtl. vorgegebenen Grenzwert reduziert werden.

Bei den open-loop-Filtern wird dazu eine Strommessung an der Last vorgenommen. Dieses Verfahren ist regelungstechnisch besonders einfach zu realisieren, da es sich um eine Steuerung ohne Rückkopplung handelt. Frequenz- und Amplitudengang des Messkreises begrenzen dabei die Messgenauigkeit und damit die Filterwirkung. Die häufig im Netz vorhandenen Resonanzstellen können bei open-loop-Betrieb nicht direkt erkannt werden, im ungünstigsten Fall wird unmittelbar auf eine Resonanzstelle gespeist.

Beim closed-loop-Verfahren wird das Filterergebnis, bestehend aus Laststrom und Filterstrom, gemessen und auf dem eingestellten Grenzwert, im einfachsten Fall auf Null, heruntergefiltert. Die Anforderungen an die Messaufnehmer sind gering, Resonanzstellen können mit einfachen Algorithmen erkannt werden, bevor ein größerer Filterstrom bei dieser Frequenz eingespeist wird (Bild 5.24).

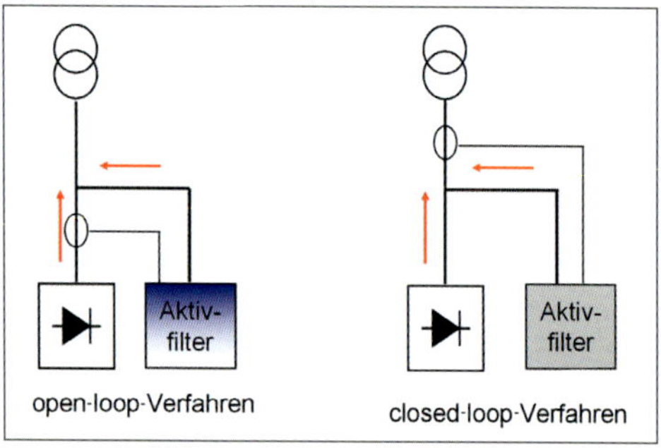

Bild 5.24
Open-loop- und closed-loop-Regelung

- Marktgängige aktive Oberschwingungsfilter sind stromgeführt und können den OS-Strom einer gemessenen Last filtern. OS-Pegel aus der Mittelspannung oder von OS-Erzeugern außerhalb des Messkreises bleiben davon unberührt.
- Aktivfilter können Oberschwingungsströme in einem Netzbereich bis zu ihrem Nennwert filtern. Sind die Ober-

schwingungsströme größer, fließt der Rest ungefiltert ab. Aktivfilter sind in diesem Sinne nicht überlastbar.

- Die Kompensation von Blindstrom ist im Gegensatz zum passiven Filter unabhängig von der Oberschwingungsfilterung. Es werden aber zusätzliche Filterressourcen benötigt.

Nachfolgende Messdiagramme zeigen den praktischen Einsatz eines Aktivfilters. In einem Wirbelschichtverbrennungsofen wird die Luft über einen frequenzgeregelten Lüfter mit 1400 kW (690 V) eingeblasen. Die Oberschwingungsströme werden mit einem 640-A-Aktivfilter, das nach dem closed-loop-Verfahren arbeitet, reduziert. Der Zeitverlauf zeigt zunächst einige ausgewählte Oberschwingungsfrequenzen in den Filterbetriebsarten „Filtern auf voreingestellte Grenzwerte“ und „maximal filtern“ (Bild 5.25). Zum Vergleich sind die Stromverläufe ohne Filter vorangestellt. Das Balkendiagramm zeigt die diskreten Oberschwingungen mit und ohne Filter (Bild 5.26), und das Oszillogramm zeigt schließlich den Verlauf im Zeitbereich (Bild 5.27).

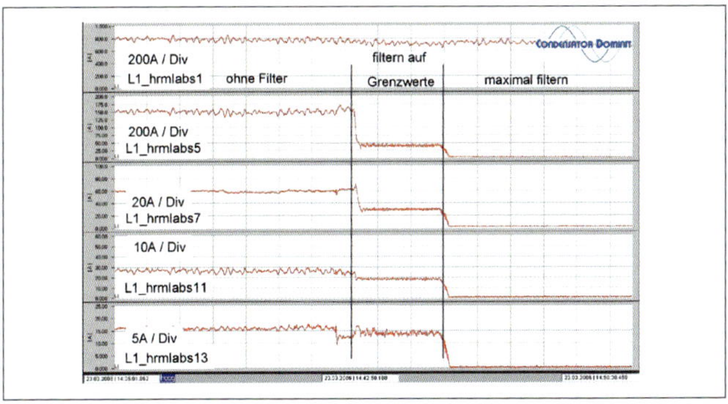

Bild 5.25 Zeitverlauf der Grundschwingung und einiger Oberschwingungen: ohne Filter / filtern auf Grenzwerte / maximal filtern

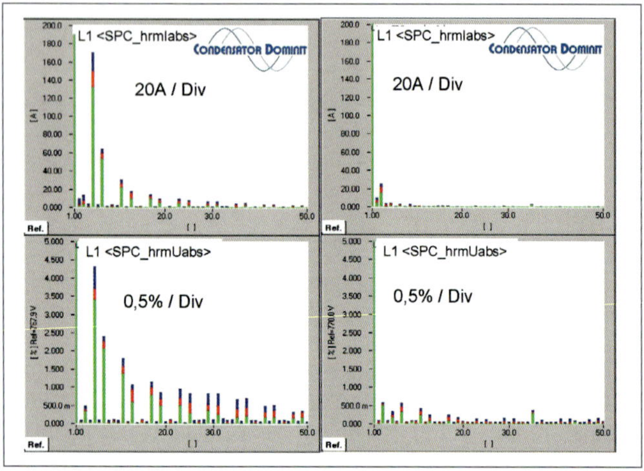

Bild 5.26 OS-Ströme (oben) und OS-Spannungen (unten), ohne Aktivfilter (links) und mit Aktivfilter (rechts)

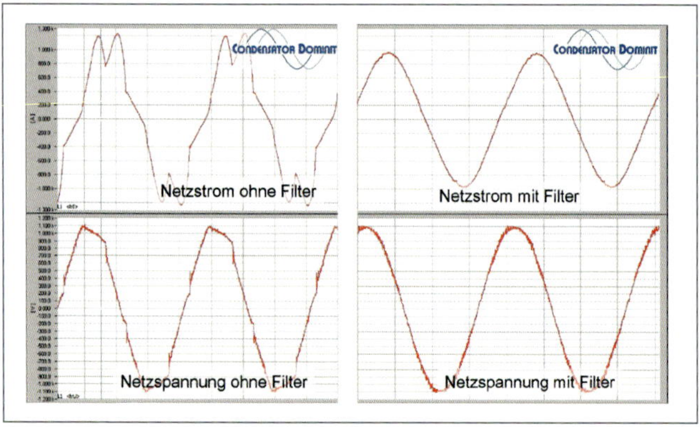

Bild 5.27 Oszillogramme mit und ohne Aktivfilter

5.6 Vergleich von passiven und aktiven Filtern

Passive Filter sind die historisch deutlich ältere Methode zur Verbesserung der Netzqualität. Daraus darf jedoch keine Wertigkeit abgeleitet werden, vielmehr handelt es sich um zwei grundlegend verschiedene Technologien mit unterschiedlichen Eigenschaften, die sich nicht einfach in „Gut" oder „Schlecht" klassifizieren lassen. Tatsächlich entscheidet die jeweilige Anwendung und Zielsetzung darüber, ob die jeweilige Eigenschaft wünschenswert ist, keine wesentliche Rolle spielt oder sogar nachteilig ist.

Die wichtigsten Eigenschaften passiver Filter:

- sind spannungsgeführt, d. h., sie reagieren auf eine verzerrte Netzspannung
- haben immer auch kapazitive Blindleistung
- haben eine breitbandige Wirkung und vergrößern für höhere Frequenzen die Netzkurzschlussleistung virtuell für den Verbraucher, da die Netzimpedanz sinkt
- sind prinzipiell überlastbar, da der gesamte angebotene Oberschwingungsstrom auch durch die niedrige Impedanz fließt. Verbraucherstruktur, Netztopologie und Netzvorbelastung müssen beachtet werden. Das gilt insbesondere auch bei Veränderungen!
- die Rundsteuerfrequenz muss bei der Auslegung berücksichtigt werden
- benötigen i. d. R. deutlich mehr Platz als aktive Filter
- passive Lösungen sind meistens preiswerter

Die wichtigsten Eigenschaften aktiver Filter:

- sind meistens stromgeführt
- problemlos als dezentrale Filter für ausgewählte Anlagenteile verwendbar
- hohe Leistungsdichte und damit wenig Platzbedarf
- Blindstromkompensation möglich, aber es werden dafür teure Ressourcen der Filter benötigt
- selektives Filtern einzelner Frequenzen

- aktive Lösungen sind deutlich flexibler in der Anwendung, aber auch teurer
- Rundsteuerfrequenz spielt keine Rolle, wenn nur diskrete Frequenzen gefiltert werden
- sind bezogen auf die Oberschwingungsfilterung nicht überlastbar, da maximal der Nennstrom der Filter fließt
- passive Taktfrequenzfilter sind prinzipiell überlastbar (z. B. durch Kommutierungen)

Stromrichter mit induktivem Zwischenkreis haben einen relativ schlechten cos φ_1 und werden im industriellen Bereich häufig mit großen Leistungen von einigen 100 kW bis in den MW-Bereich verwendet. Typische Beispiele sind die Produktion von Walzstählen oder Cuttern in der Lebensmittelindustrie. Sowohl aus technischer als auch aus wirtschaftlicher Sicht sind hier passive Filter zu bevorzugen. Neben der Verbesserung der Netzqualität (Oberschwingungen und Kommutierungen) rechnet sich hier eine Filterkreisanlage über die eingesparten Blindstromkosten.

Frequenzumrichter mit Spannungszwischenkreis haben dagegen einen relativ guten cos φ_1 und benötigen keine Blindstromkompensation. Hier werden daher häufig aktive Filter zur Reduzierung der Oberschwingungsströme eingesetzt. Als zentrales Filter (z. B. für einen Transformator) passt es sich flexibel der jeweiligen Belastungssituation an. Der deutlich größte Anteil aller Antriebslösungen wird heute mit Frequenzumrichtern mit Spannungszwischenkreis realisiert, dadurch haben aktive Filter heute eine deutlich höhere Bedeutung. Dass Netzbereiche keine Kompensationsleistung mehr benötigen, dafür aber aktive Filter erforderlich sind, ist heute keine Seltenheit mehr.

Der Vollständigkeit halber und ohne im Detail darauf einzugehen sollen hier auch noch passive Filterlösungen erwähnt werden, die als Durchgangsfilter einem einzelnen Frequenzumrichter vorgeschaltet werden. Diese Filter sollten nicht mit EMV-Filtern für höherfrequente Störungen im MHz-Bereich verwechselt werden. Sie sind dahingehend optimiert, ihre Filterwirkung auf die klassischen Oberschwingungen mit möglichst wenig Kompensationsleistung zu erzielen, um das Netz nicht dauerhaft überzukompensieren. In der Praxis lassen sich Werte erreichen, bei denen sich der induktive cos φ_1 des Frequenzumrichters bei Nennleistung maximal mit dem gleichen Betrag in den kapazitiven Bereich verschiebt. Befinden sich in einem Netz mehrere Frequenzumrichter die auf diese Weise gefiltert werden, machen der hohe Installationsaufwand und der Platzbedarf diese starre Lösung häufig unattraktiv. Auch muss ggf. eine dauerhafte Überkompensation in Kauf genommen werden.

5.7 Besonderheiten der 3. Oberschwingung und Filterkonzepte

Die 3. Oberschwingung ist bei einphasigen nichtlinearen Verbrauchern die erste dominante Oberschwingung. Gegenüber den bisher im Vordergrund stehenden Oberschwingungen 6-pulsiger Schaltungen nimmt sie eine Sonderrolle ein, da die Phasenverschiebung von jeweils 120° zwischen den Leiterspannungen im 3-Phasen-Drehstromsystem zu einer Addition der 3. Oberschwingung im Neutralleiter führt (Bild 5.28). Während sich bei einer symmetrischen Lastverteilung der

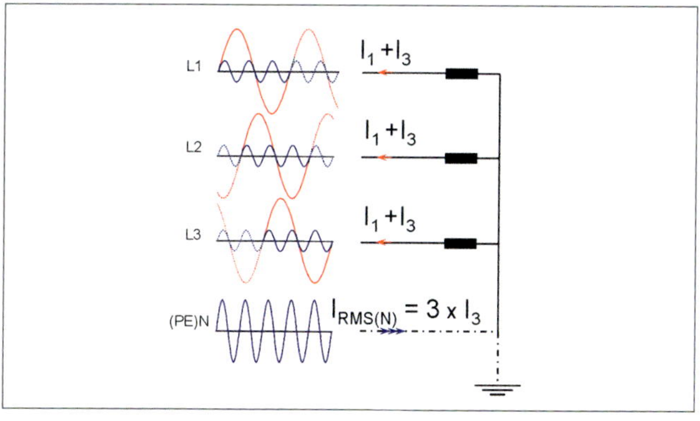

Bild 5.28 Addition der 3. OS im Neutralleiter

50-Hz-Grundsschwingungsstrom im Neutralleiter zu Null addiert, addieren sich die Leiterströme der 3. Oberschwingung im Neutralleiter auf den 3-fachen Wert.

Netzteile mit kapazitiver Glättung, die z. B. für TV-Geräte, Computer, EVG für Leuchtmittel oder Kompaktleuchtstofflampen verwendet werden, sind Massenprodukte, die alleine durch ihr gehäuftes Auftreten zu einem Problem werden können, da sie eine erhebliche Belastung oder sogar Überlastung des Neutralleiters verursachen. Folgender hypothetischer Fall soll das Problem verdeutlichen:

An einem Transformator mit einer Bemessungsscheinleistung von 1000 kVA werden ausschließlich Netzteile mit kapazitiver Glättung angeschlossen, die ein Frequenzspektrum nach Bild 5.4a) haben. Die Netzteile werden symmetrisch verteilt und haben einen idealen $\cos \varphi = 1$ und einen Wirkungsgrad $h = 1$. Aus $I_1 = 0{,}52\ I_{RMS}$ (Bild 5.4a) ergibt sich, dass an dem Transformator nur Schaltnetzteile mit einer max. Wirkleistungsabgabe von 520 kW (52 %) der Bemessungsscheinleistung angeschlossen werden können. Die 3. OS in den Außenleitern beträgt ca. 95 % des Grundschwingungsstroms, liegt bei einer Netzspannung von 400 V also bei ca. 713 A. Im Neutralleiter addiert sich die 3. Oberschwingung auf 2139 A! Die Koordination der Leistungsquerschnitte und Absicherung erfolgt aber für den Bemessungsstrom des Transformators (1443 A).

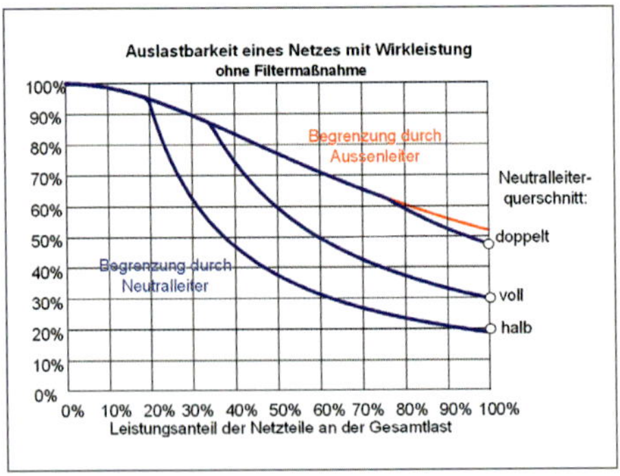

Bild 5.29 Auslastbarkeit eines Netzes mit Wirkleistung in Abhängigkeit von dem Leistungsanteil der Netzteile an der Gesamtlast [5.7]

Alle weiteren ungeraden Oberschwingungen, die Vielfache von Drei sind (9. / 15. etc.), addieren sich ebenfalls linear im Neutralleiter und erhöhen den Oberschwingungsstrom im Neutralleiter noch weiter. Bild 5.29 zeigt die Auslastbarkeit eines Netzes mit Wirkleistung in Abhängigkeit von dem Leistungsanteil der im Netz angeschlossenen Netzteile.

Führt eine Überlastung zu einer Neutralleiterunterbrechung, verschiebt sich der Sternpunkt entsprechend dem Impedanzverhältnis der angeschlossenen Lasten. Im ungünstigsten Fall kann eine Spannung von 400 V an einem 230-V-Verbraucher auftreten. Eine einfache Vergrößerung des Neutralleiterquerschnitts löst zwar das Problem der Neutralleiterüberlastung, es können aber weiterhin nur max. 52 % der Transformatorleistung genutzt werden. In bestehenden Gebäuden ist es ohnehin fast unmöglich, mit überschaubaren Mitteln die Leitungsquerschnitte nachträglich zu vergrößern.

In TN-C-Netzen mit PEN-Leiter fließen die Oberschwingungsströme der Nullsysteme zum Teil auch über geerdete Gebäudeteile oder Datenleitungsschirme zum Transformatorsternpunkt zurück und sind Ursache für viele EMV-Probleme in Rechenzentren, Bürogebäuden oder anderen sensiblen Bereichen [5.6]. Betroffen sind meistens ältere Liegenschaften, in denen noch kein 5-Leiter-Netz (TN-S) installiert ist. Die Nachrüstung eines fünften Leiters ist häufig ebenso aufwendig wie die Vergrößerung des Neutralleiterquerschnitts und bleibt aufgrund der weiterhin nicht nutzbaren Transformatorleistung unbefriedigend.

Reduziert man das Problem zunächst auf die thermische Belastung des Neutralleiters, kann der Strom der 3. Oberschwingung zum Beispiel durch dezentral installierte Transformatoren vom Hauptkabelstrang und Versorgungstransformator ferngehalten werden. Bei einer einfachen Dy-Transformatorschaltung bleiben die Oberschwingungsströme, die kein Nullsystem bilden, unverändert bestehen. Werden in einem Niederspannungsnetz mehrere, annähernd gleichmäßig belastete Trenntransformatoren verwendet, lassen sich über verschiedene Transformatorschaltgruppen auch andere Oberschwingungsströme als die Nullsysteme vom Hauptversorgungstransformator fernhalten.

Durch die zusätzlich eingefügte Impedanz des Transformators wird die Netzkurzschlussleistung am Anschlusspunkt der Last kleiner und die Oberschwingungspegel auf der Verbraucherseite steigen an. Auch ist die Installation, insbesondere die nachträgliche Installation eines solchen Transformators mit evtl. erforderlicher Bypassschaltung und Schutzeinrichtungen nicht immer unproblematisch.

Ein Sperrfilter im Neutralleiter oder im Transformatorsternpunkt (Bild 5.30), abgestimmt auf die 3. Oberschwingung, unterbindet weitgehend den 150-Hz-Strom. Vorteilhaft ist dabei die Möglichkeit, das Filter zentral zu installieren, sie erlaubt eine einfache Nachrüstung in bestehenden Gewerken. Im Gegensatz zur transformatorischen Lösung ist eine symmetrische Belastung der Phasen nicht erforderlich. Durch die Verringerung der Stromverzerrung sinkt der Effektivstrom in den Phasen um bis zu 40 %, die 3. OS im Neutralleiter kann bis zu 90 % reduziert werden [5.7].

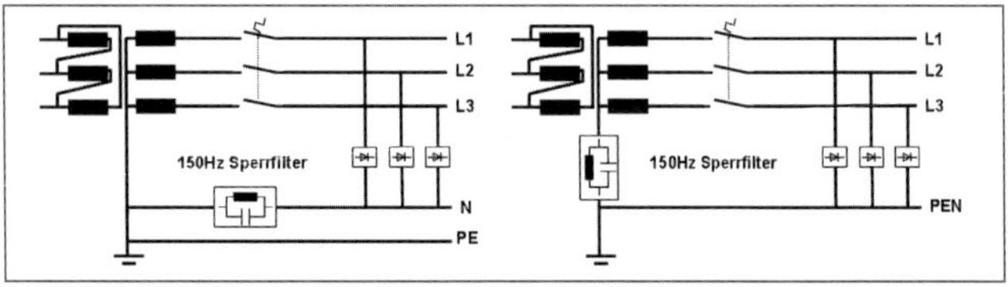

Bild 5.30 150-Hz-Sperrfilter im Neutralleiter im TNC-S-Netz (links) und im Transformator-Sternpunkt im TN-C-Netz (rechts)

Transformator und Neutralleiter werden durch das Sperrfilter deutlich entlastet, die eingefügte Impedanz führt aber auf der Lastseite zu einem deutlichen Anstieg des 150-Hz-Spannungspegels. Die dadurch verursachte Abflachung des Scheitelwertes (Bild 5.31) spielt zwar für die verursachenden elektronischen Netzteile keine Rolle, bei Phasenanschnittssteuerungen oder einphasigen Frequenzumrichtern können aber durchaus Probleme auftreten.

Trotz des hohen Nutzens kann die Anwendung daher nur bei professionell betreuten Netzen empfohlen werden, bei denen die angeschlossenen Verbraucher strikt reglementiert sind. Eine typische Anwendung ist zum Beispiel ein gesichertes USV-Netz für Datenverarbeitungseinrichtungen. Die praktische Realisierung eines solchen Filters zeigt Bild 5.32.

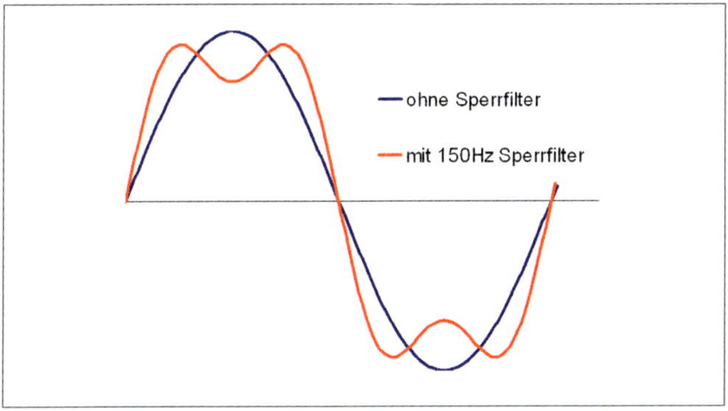

Bild 5.31 Spannungsabflachung durch 150-Hz-Sperrfilter (überzogene Darstellung)

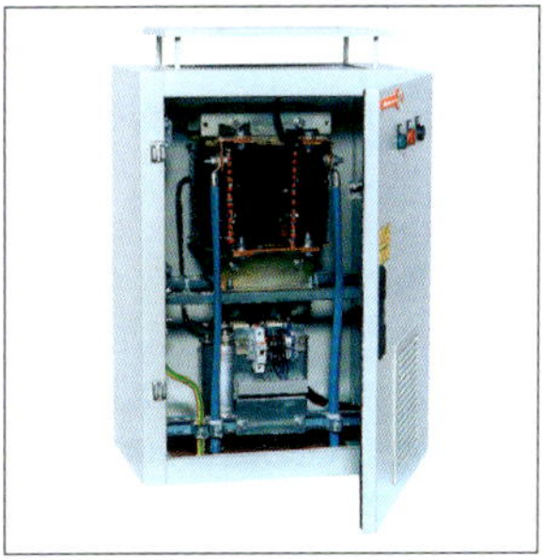

Bild 5.32 150-Hz-Sperrfilter „THX“ für eine USV-Anlage (Werksfoto Condensator Dominit)

Aktive Netzfilter bieten ebenfalls die Möglichkeit, Nullsysteme, die zwischen Außenleiter und Neutralleiter erzeugt werden, durch Einspeisung eines 150-Hz-Stroms mit umgekehrtem Vorzeichen auszulöschen (Bild 5.33). Da der Oberschwingungsstrom erst ab dem Anschlusspunkt ausgelöscht wird, müssen aktive Netzfilter für diese Anwendung dezentral an geeigneten Unterverteilungen installiert werden. Durch die netzparallele Ankopplung besteht gegenüber den vorherigen Lösungen der Vorteil einer einfachen Nachrüstung, für das Filter wird nur ein freier Sicherungsabgang benötigt. Auch Wartungsarbeiten sind sehr einfach durchzuführen, da nur der Sicherungsabgang zum Filter getrennt werden muss; es ist aber nicht erforderlich, den gesamten Netzbereich freizuschalten. In einem Rechenzentrum ist das ein nicht zu unterschätzender Nutzen, da die Server nicht einfach abgeschaltet werden können.

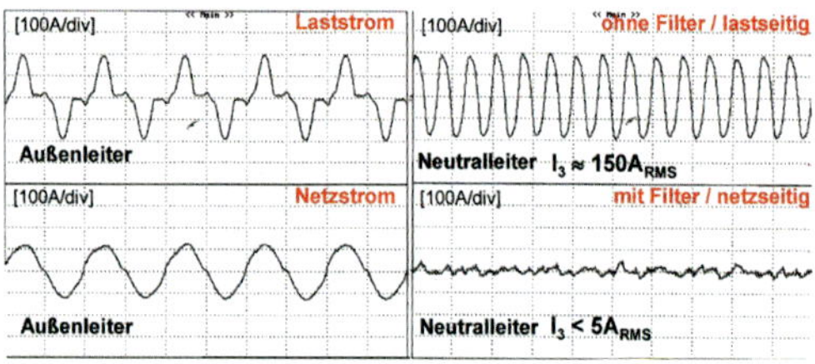

Bild 5.33 Filterung der 3. Oberschwingung mit aktivem Netzfilter

Durch die Verwendung mehrerer dezentral angeordneter Filter ergibt sich auch ein gewisses Maß an Redundanz, der Ausfall eines Filters wird nicht gleich zu einer Überlastung des Neutralleiters führen. Die Hersteller haben auf die gegenüber industriellen Anwendungen etwas anderen Bedürfnisse reagiert und aktive Filter für Gebäude- und Rechenzentrumanwendungen optimiert. Leistungsfähige Produkte bieten heute neben der Oberschwingungsfilterung auch die Möglichkeit, den Neutralleiter „stromfrei“ zu filtern. Damit lassen sich EMV-Probleme in TN-C-Netzen, die durch Ströme auf Gebäudearmierungen und Datenleitungsschirmen zurückzuführen sind, mit überschaubarem Aufwand beheben.

Die Möglichkeit, kapazitive Blindleistung zu kompensieren und unsymmetrische Belastungen der drei Phasen zu symmetrieren, macht die Anwendung auch zur Entlastung von USV-Anlagen interessant, die bei kapazitiver Last und hohem Crestfaktor der angeschlossenen Last nicht ihre Nennwirkleistung abgeben können [5.8]. Häufig werden diese Filter für Wandmontagen angeboten, die eine einfache Installation neben einer Unterverteilung ermöglichen.

- Filter für die 3. Oberschwingung zielen vorrangig auf die Entlastung des Neutralleiters, des Versorgungstransformators oder einer USV-Anlage.
- Mit Ausnahme des 150-Hz-Sperrfilters findet eine Neutralleiterentlastung erst ab dem Anschlusspunkt des Filters statt. Das ist bei der Wahl des Aufstellungsortes zu berücksichtigen.

5.8 Blindleistungsbereitstellung mit Leistungselektronik

5.8.1 Blindleistung im Verbundnetz

Zur Aufrechterhaltung des Netzbetriebes, speziell zur Spannungshaltung, ist eine ausgeglichene Blindleistungsbilanz auf allen Spannungsebenen erforderlich. Es ist im Allgemeinen wenig sinnvoll, Blindleistung über größere Entfernungen in Netzen oder von einer Spannungsebene in die unterlagerte oder überlagerte Spannungsebene zu übertragen, da Spannungsfälle und Verluste ansteigen und die Möglichkeit zur Übertragung von Wirkleistung dadurch eingeschränkt wird.

Bild 5.34 gibt eine Vorstellung von den Blindleistungsverhältnissen im deutschen Verbundnetz (Daten aus dem Jahr 2005).

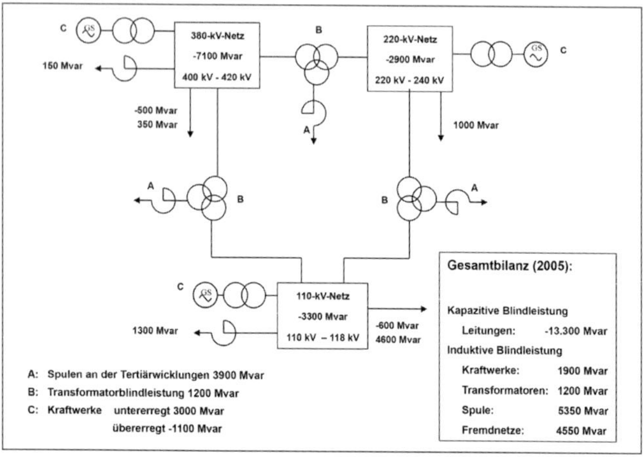

Bild 5.34 Blindleistungsbilanz des deutschen Verbundnetzes
Verbraucherzählpfeilsystem: Negative Werte: kapazitive Blindleistung; positive Werte: induktive Blindleistung

Spannungshaltung kann grundsätzlich durch direkte Regelung der Spannung oder indirekt durch Veränderung der Blindleistung erfolgen. Direkte Maßnahmen der Spannungsbeeinflussung sind möglich durch

- Transformatorstufenschalter, die unter Last schaltbar sind. Dadurch verändern sich auch die Blindleistungsflüsse in Netzen, siehe hierzu [5.1].
- Längsregler, die transformatorisch Spannungen in Längsrichtung einkoppeln und damit den Betrag der Spannung verändern, siehe hierzu [5.9].

Indirekte Verfahren der Spannungshaltung durch Steuerung der Blindleistungsflüsse sind

- veränderliche Erregung von Synchrongeneratoren
- Einsatz von Phasenschiebern
- Reihen- bzw. Parallelkompensation mit Spulen und Kondensatoren
- Einsatz leistungselektronischer Betriebsmittel (FACTS)

5.8.2 Grundlegendes zur Energieübertragung über Leitungen

Zur Berechnung der Vorgänge bei der Energieübertragung über Leitungen ist die Ersatzschaltung mit verteilten Längsimpedanzen $\underline{Z} = R + \mathrm{j}X$ und Querableitadmittanzen $\underline{Y} = G + \mathrm{j}B$ nach Bild 5.35a ausreichend. Das Verhalten der Leitung hinsichtlich Spannungsfall, Blindleistungsbilanz und Phasenwinkel kann durch das Modell der verlustlosen Leitung nach Bild 5.35b beschrieben werden.

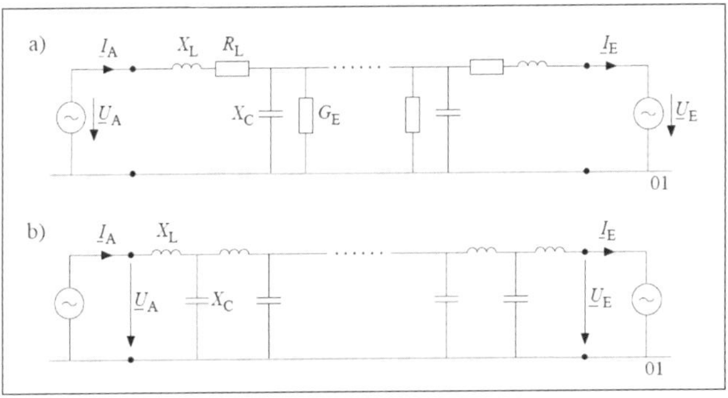

Bild 5.35 Ersatzschaltung einer Leitung für quasistationäre Zustände
a) Vollständige Ersatzschaltung
b) Ersatzschaltung der verlustlosen Leitung

Die über die Leitung übertragbare Wirkleistung P errechnet sich nach Gl.(5.6)

$$P = \frac{U_A \cdot U_E}{Z_W \cdot \sin\Theta} \cdot \sin\delta \tag{5.6}$$

mit

- Z_W Wellenwiderstand $Z_W = \sqrt{\frac{L}{C}}$
- θ elektrischen Länge der Leitung $\Theta = \frac{2\pi}{\lambda} \cdot a;\ \Theta = 2\pi f \cdot \sqrt{LC} \cdot a$
- f Netzfrequenz
- a geometrische Leitungslänge
- δ Übertragungswinkel, Winkeldifferenz zwischen den Spannungsquellen

Wird die Leitung mit der natürlichen Leistung P_W nach Gleichung (5.7) betrieben

$$P_W = \frac{U_A \cdot U_E}{Z_W} \qquad 5.7)$$

so ist die Blindleistungsbilanz der Leitung ausgeglichen, da die von den Kapazitäten „erzeugte" Blindleistung (proportional dem Quadrat der Spannung) gleich der von den Induktivitäten „benötigten" Blindleistung (proportional dem Quadrat des Stromes) ist. Bei höherer Belastung wird der induktive Spannungsfall längs der Leitung und damit die Blindleistungsaufnahme größer als die durch die Kapazitäten „erzeugte" Blindleistung und die dadurch bedingte Spannungserhöhung. Die benötigte Blindleistung muss von den angeschlossenen Netzen am Anfang und Ende der Leitung bereitgestellt werden. In der Anordnung nach Bild 5.35 erreicht die Spannung in der Leitungsmitte bei gleichen Spannungen am Anfang und Ende der Leitung ihr Minimum. Bei Belastung der Leitung unterhalb der natürlichen Leistung wird die kapazitive Blindleistung größer als der induktive Blindleistungsbedarf, die Spannung steigt längs der Leitung an und erreicht in der Leitungsmitte ihr Maximum. Die überschießend erzeugte Blindleistung der Leitung muss von den angeschlossenen Netzen aufgenommen werden.

Für die elektrisch kurze Leitung gilt Gl. (5.8)

$$\sin\Theta \approx \Theta = \omega \cdot \sqrt{LC} \cdot a \tag{5.8}$$

und mit dieser Näherung gilt für den Wellenwiderstand Gl. (5.9)

$$Z_W \cdot \Theta = \sqrt{\frac{L}{C}}\omega \cdot \sqrt{LC} \cdot a = \omega \cdot L \tag{5.9}$$

Damit wird Gl. (5.6) zu Gl. (5.10)

$$P = \frac{U_A \cdot U_E}{X_L} \cdot \sin\delta \tag{5.10}$$

Stellt man die Spannungen am Anfang und Ende der Leitung als Zeigergrößen dar und nimmt man an, dass die Spannungen gleiche Beträge $|\underline{U}|$ aufweisen wie in Bild 5.36 dargestellt, so ergeben sich Gln. (5.11)

$$\underline{U}_A = U \cdot \left(\cos\frac{\delta}{2} + j\sin\frac{\delta}{2}\right) \tag{5.11a}$$

$$\underline{U}_E = U \cdot \left(\cos\frac{\delta}{2} + j\sin\frac{\delta}{2}\right) \tag{5.11b}$$

und die Spannung in der Mitte der Leitung nach Gl.(5.11c)

$$\underline{U}_M = \frac{\underline{U}_A + \underline{U}_E}{2} = U \cdot \cos\frac{\delta}{2} \tag{5.11c}$$

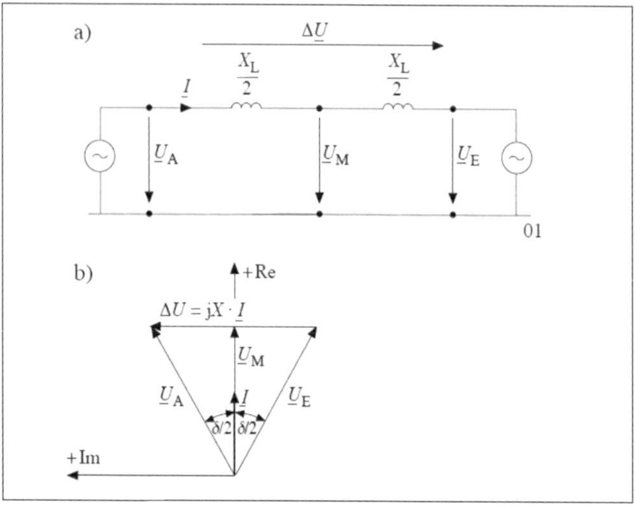

Bild 5.36 Ermittlung der übertragbaren Leistung
a) Vereinfachte Ersatzschaltung der verlustlosen Leitung
b) Zeigerdiagramm der Spannungen und des Stromes

Mit dem Leiterstrom nach Gl. (5.12)

$$|\underline{I}| = \frac{|\underline{U}_A - \underline{U}_E|}{jX_L} = \frac{2 \cdot U}{X_L} \sin\delta \tag{5.12}$$

berechnen sich die über die Leitung übertragbare Wirkleistung P und die Blindleistungen am Anfang und Ende der Leitung nach Gln. (5.13)

$$P = U_M \cdot I = \frac{U^2}{X_L} \cdot \sin\delta \tag{5.13a}$$

$$Q_A = -Q_E = U \cdot I \cdot \sin\frac{\delta}{2} = \frac{U^2}{X_L} \cdot (1 - \cos\delta) \tag{5.13b}$$

Die Zusammenhänge sind in Bild 5.37 qualitativ dargestellt.

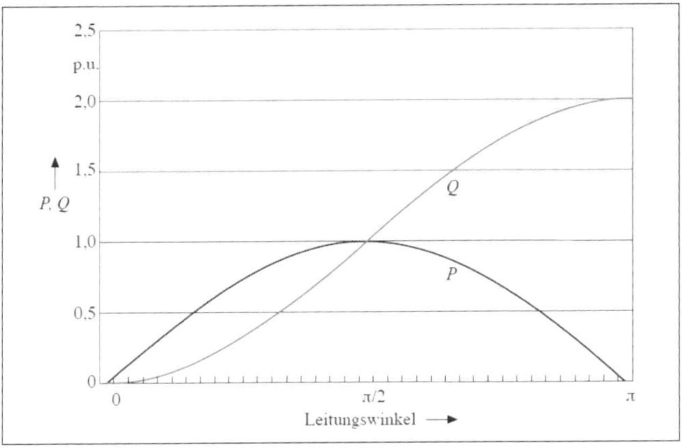

Bild 5.37 Übertragbare Wirkleistung und Blindleistung der Leitung nach Bild 5.36 in Abhängigkeit vom Leitungswinkel

Es kann aus dem Verlauf der Leistungen abgeleitet werden, dass der Strom I proportional der Leitungsreaktanz ist und mit zunehmendem Leitungswinkel zunimmt, die Spannung U_M in der Mitte der Leitung mit steigendem Winkel abnimmt. Möglichkeiten zur Erhöhung der übertragbaren Leistung bestehen durch

- Erhöhung der Spannung in der Mitte der Leitung durch kapazitive Kompensation (Parallelkompensation) oder
- Verminderung der Leitungsreaktanz durch eine Reihenkompensation (Reihenkondensator) oder
- Verkleinerung des Leitungswinkels durch ein phasendrehendes Betriebsmittel (Schrägregler).

Die genannten drei Möglichkeiten zur Erhöhung der übertragbaren Leistung können sowohl durch konventionelle Betriebsmittel, wie Kondensatoren und phasendrehende Transformatoren, als auch durch FACTS-Betriebsmittel realisiert werden.

Allen drei Möglichkeiten ist gemeinsam, dass die Spannungshöhe und/oder der Spannungsbetrag längs der Leitung und/oder am Anschlusspunkt verändert werden. Die beiden grundlegenden Mechanismen, den Leistungsfluss über eine Leitung und die Spannungshöhe an einem Anschlusspunkt zu beeinflussen, sind in Bild 5.38 dargestellt. Betrachtet wird eine rein induktive Übertragungsleitung und das zugehörigen Zeigerdiagramm mit der Spannung $\underline{U}_A$ als Bezugssystem für die Leistung. Es ist ersichtlich, dass die Veränderung der Spannungshöhe $|\underline{U}_A|$ (mittleres Zeigerbild) maßgeblich den Blindstrom I_B beeinflusst. Aus Sicht der vom Netzpunkt A abgegebenen Leistung $\underline{S} = \underline{U}_A \cdot I^*$ wird die übertragene Blindleistung größer. Wird dagegen der Übertragungswinkel δ zwischen den beiden Spannungen verändert (rechtes Zeigerbild) wird maßgeblich der Wirkstrom I_W und damit die übertragene Wirkleistung verändert.

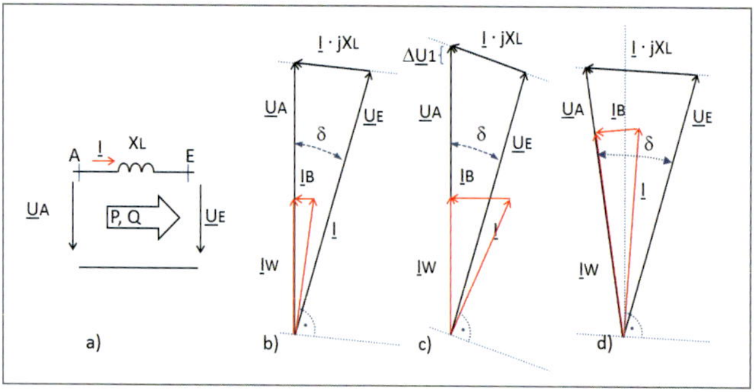

Bild 5.38 Mechanismus der Leistungsflussteuerung
a) Schaltschema
b) Zeigerbild ohne Zusatzspannung
c) Zeigerbild mit Längszusatzspannung
d) Zeigerbild mit Querzusatzspannung

Die Berechnung der Wirk- und Blindleistung gemäß Gln. (5.13) aus der komplexen Scheinleistung ergibt, dass Wirk- und Blindleistung nicht unabhängig voneinander über Winkel und Spannungshöhe eingestellt werden können, für kleine Winkel ist der Zusammenhang aber qualitativ ausreichend beschrieben [5.11]. Die Annahme eines überwiegend induktiven Netzes, das diesem Mechanismus folgt, ist mit einem typischen Widerstandsverhältnis von z.B. X/R = 9 im Höchstspannungsnetz (380kV, Freileitung, 4er Bündel, Donau-Mastbild $\underline{Z} = 0{,}03 + j0{,}26\ \Omega$) [5.12] näherungsweise gegeben. Auf der Mittelspannungsebene (z.B. 30-kV-Kabel) beträgt das Verhältnis noch z. B. $X/R = 1$ [5.12]. Auch alle im Übertragungsnetz und Verteilnetz verwendeten Transformatoren können weitestgehend als induktiv betrachtet werden.

5.8.3 FACTS

5.8.3.1 Grundlegendes

FACTS (Flexible AC Transmission Systems) sind Netze der Elektroenergieversorgung, deren Übertragungsfähigkeit in statischen und dynamischen Bereich durch leistungselektronische Betriebsmittel erhöht wird, der Begriff FACTS wird aber auch als Oberbegriff für die eingesetzten leistungselektronischen Betriebsmittel verwendet.

Im Gegensatz zu „konventionellen" Betriebsmitteln zur Beeinflussung der Spannung, wie Transformatorstufenschaltern, oder zur Beeinflussung der Blindleistungsbilanz, wie schaltbaren Kondensatoren, können FACTS-Betriebsmittel ohne große Zeitverzögerung quasi online im Betrieb auf die sich ändernden Anforderungen des Netzes reagieren. Die Beeinflussung der Spannung bzw. der Blindleistung bei FACTS-Betriebsmitteln kann erfolgen durch:

- Änderung der Netzimpedanz an einem Netzknoten, was den gleichen Effekt wie das Schalten einer konventionellen Kompensationsanlage hervorruft,
- Änderung der Impedanz eines Betriebsmittels, wie z.B. einer Leitung, ähnlich wie bei einer klassischen Reihenkompensation [5.13],
- Änderung der Phasenlage der Spannung wie bei einem konventionellen schräg- oder querregelnden Transformator [5.13].

FACTS-Betriebsmittel können neben Aufgaben zur Blindleistungsbereitstellung und der Spannungshaltung auch für weitere Aufgaben im Netzbetrieb eingesetzt werden, wie z. B.:

- Steuerung des Lastflusses auf parallelen Leitungen oder parallelen Netzzweigen,
- Minimierung von Maschenströmen und Verringerung von Netzverlusten,
- Dämpfung von Leistungspendelungen und subsynchronen Resonanzen.

5.8.3.2 Parallelkompensation

Parallelkompensation ist die konventionelle Art der Blindleistungskompensation im Mittel- und Niederspannungsbereich. Zielsetzung ist hier die Erzielung eines bestimmten Leistungsfaktors der Gesamtlast zur Reduzierung der gelieferten Blindenergie und zur Verringerung von Spannungsfällen.

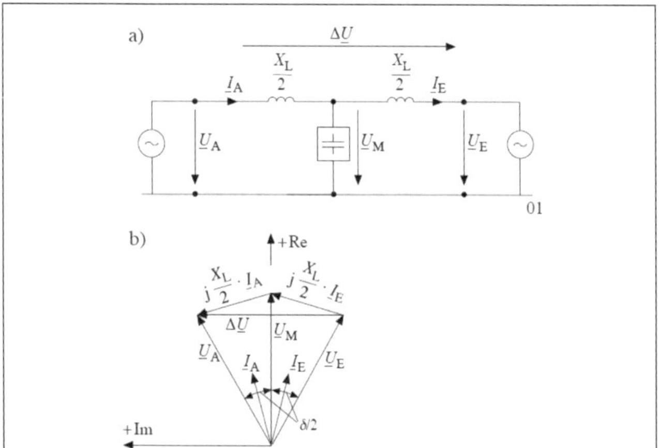

Bild 5.39 Verlustlose Leitung mit Parallelkompensation
a) Ersatzschaltung
b) Zeigerdiagramm der Spannungen und des Stromes

Parallelkompensation im Hochspannungsbereich zur Erhöhung der übertragbaren Leistung über Leitungen wendet das gleiche Prinzip an. Betrachtet wird die Anordnung nach Bild 5.39 mit einer verlustlosen Kompensation in Form einer Kondensatoranlage in der Mitte der Leitung. Die Spannung am Kondensator U_M ist im Idealfall (Übertragung der maximalen Leistung) betragsmäßig gleich der Spannungen U_A und U_E am Anfang und Ende der Leitung.

Analog zu Gl. (5.11) berechnen sich die Spannungen zwischen der Leitungsmitte und dem Anfang bzw. Ende der Leitung nach Gl. (5.14) bzw. der Strom nach Gl.(5.15)

$$U_{M1} = U_{M2} = U \cdot \cos\frac{\delta}{4} \tag{5.14}$$

$$I_A = I_E = \frac{U_M - U_A}{\frac{X_L}{2}} = \frac{4 \cdot U}{X_L} \cdot \sin\frac{\delta}{4} \tag{5.15}$$

Damit berechnen sich die über die Leitung übertragbare Wirkleistung P_K und die Blindleistung der Leitung Q_K bei Parallelkompensation nach Gln. (5.16) zu

$$P_K = 2 \cdot \frac{U^2}{X_L} \cdot \sin\frac{\delta}{2} \tag{5.16a}$$

$$Q_K = 2 \cdot \frac{U^2}{X_L} \cdot \left(1 - \cos\frac{\delta}{2}\right) \tag{5.16b}$$

Die Zusammenhänge sind in Bild 5.40 qualitativ dargestellt.

Eine Parallelkompensation in der Mitte der Leitung führt zu einer Erhöhung der übertragbaren Leistung bis zum doppelten Betrag verglichen mit der unkompensierten Leitung um den Preis eines bis zum Faktor vier erhöhten Blindleistungsbedarfs, der durch die Kompensationsanlage und die angeschlossenen Netze bereitgestellt werden muss.

Bild 5.41a zeigt eine Parallelkompensation, die in der Mitte einer Übertragungsleitung angeordnet ist, die an beiden Enden

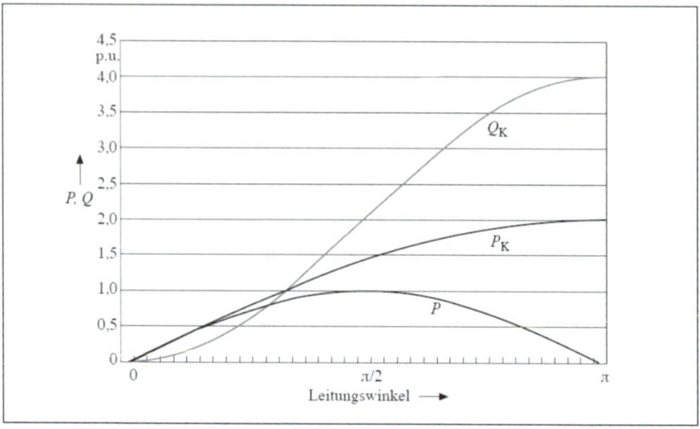

Bild 5.40 Übertragbare Wirkleistung und Blindleistung der Leitung in Abhängigkeit vom Leitungswinkel bei Parallelkompensation in der Leitungsmitte nach Bild 5.39

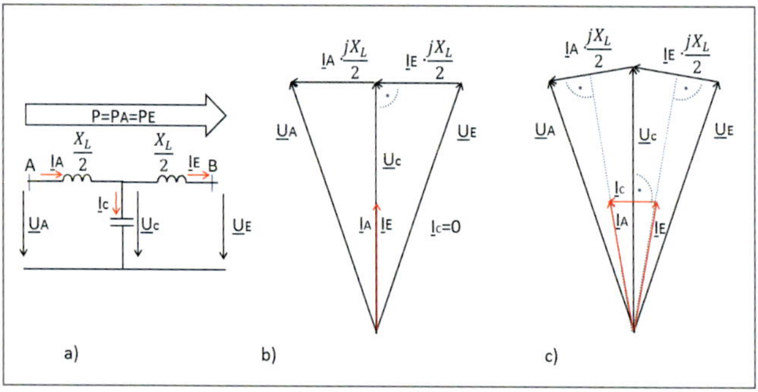

Bild 5.41 Parallelkompensation in der Mitte einer Übertragungsleitung
a) Schaltschema
b) Zeigerbild ohne Parallelkompensation
c) Zeigerbild mit Parallelkompensation

die gleiche Spannungshöhe $|U| = |\underline{U}_A| = |\underline{U}_B|$ hat. Der eingespeiste Blindstrom erhöht die Spannung am Kompensator (Bild 5.41b). Bei vollständiger Kompensation des Spannungsfalls über den Leitungen ist in diesem einfachen Modell der Betrag von $|\underline{U}_C|$

gleich den Beträgen der Spannungen $|\underline{U}_1|$ und $|\underline{U}_2|$. Parallelkompensation wird vielfach zur Spannungsregelung verwendet.

Bei Kompensation am Anfang und am Ende der Leitung sind die Verhältnisse insofern ungünstiger, als die Kompensationsleistung hier nicht zu einer Erhöhung der übertragbaren Leistung führt, wenn man von gleichen Spannungen an den Leitungsenden für die kompensierte und die unkompensierte Leitung ausgeht. Eine Kompensation an den Leitungsenden bzw. an einem Leitungsende führt lediglich bei höheren Spannungen an den Leitungsenden zu einer Erhöhung der übertragbaren Leistung.

5.8.3.3 Reihenkompensation

Bei der Reihenkompensation von Leitungen wird die zwischen den Leitungsenden liegende induktive Reaktanz durch die kapazitive Reihenkompensation verringert, siehe Bild 5.42. Für die Modellierung ist die Leitung in zwei gleich lange Segmente aufgeteilt. Dadurch wird der Spannungsfall an der Längsreaktanz der Leitung bei steigendem Strom teilweise durch eine Spannungserhöhung an der kapazitiven Reihenkompensation ausgeglichen (kompensiert), so dass insgesamt für die Leitung ein geringerer Spannungsfall auftritt als ohne Reihenkompensation.

Der Strom durch die Leitung berechnet sich mit Gl. (5.17)

$$I = \frac{2 \cdot U}{(1-k) \cdot X_L} \cdot \sin\frac{\delta}{2} \tag{5.17}$$

mit dem Kompensationsgrad k der reihenkompensierten Leitung nach Gl. (5.18)

$$k = \frac{X_C}{X_L} \tag{5.18}$$

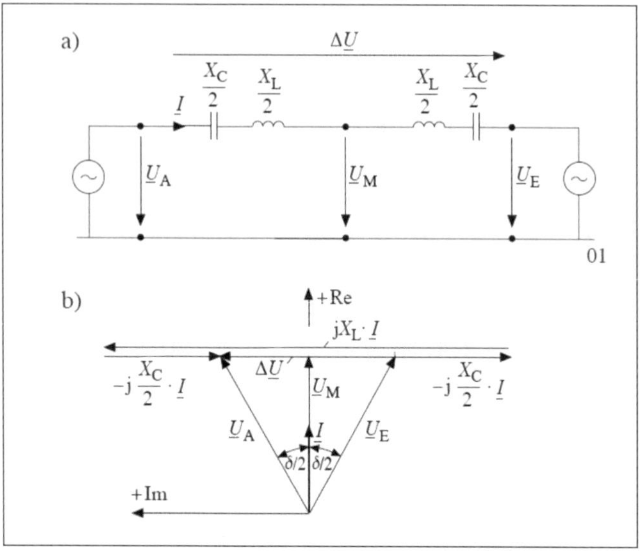

Bild 5.42 Verlustlose Leitung mit Reihenkompensation
a) Ersatzschaltung
b) Zeigerdiagramm der Spannungen und des Stromes

Damit ergibt sich die übertragbare Wirkleistung P_R und die von der Reihenkompensation erzeugte Blindleistung Q_C nach Gln. (5.19)

$$P_R = \frac{U^2}{(1-k)\cdot X_L} \cdot \sin\delta \tag{5.19a}$$

$$Q_C = \frac{2\cdot U^2}{X_L} \cdot \frac{k}{(1-k)^2} \cdot (1-\cos\delta) \tag{519b}$$

Die Zusammenhänge für Wirk- und Blindleistung sind in Bild 5.43 qualitativ dargestellt.

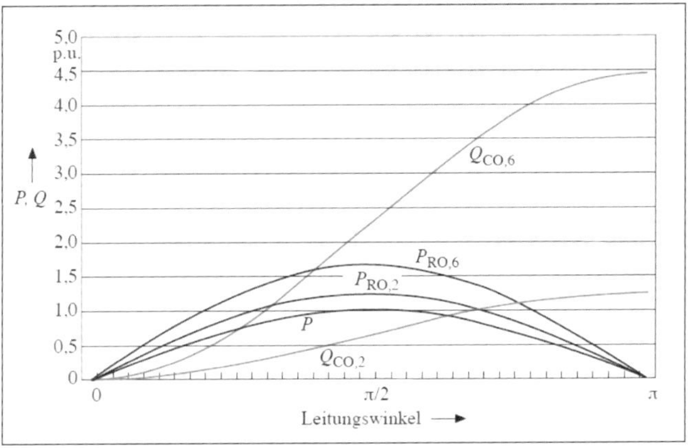

Bild 5.43 Übertragbare Wirkleistung und kapazitive Blindleistung der Reihenkompensation einer Leitung nach Bild 5.42 in Abhängigkeit vom Leitungswinkel

Eine Reihenkompensation führt zu einer Erhöhung der übertragbaren Leistung, wobei die Leistungserhöhung umgekehrt proportional zum Kompensationsgrad ist. Die Blindleistung der Reihenkompensationsanlage muss dafür erhöht werden.

Bild 5.44 zeigt eine Anordnung, bei der durch eine Reihenkompensation der Spannungsfall über der Leitung gesteuert wird. Im Falle eines kapazitiv wirkenden Kompensators wird die induktive Leistung kompensiert. Anschaulich gesprochen wird die Leitung „elektrisch kürzer", bei unverändertem Winkel δ zwischen den Spannungsquellen fließt ein größerer Strom und es wird mehr Leistung übertragen (Bild 5.44c), bei unveränderter Leistung kann der Winkel zwischen den beiden Spannungen kleiner werden.

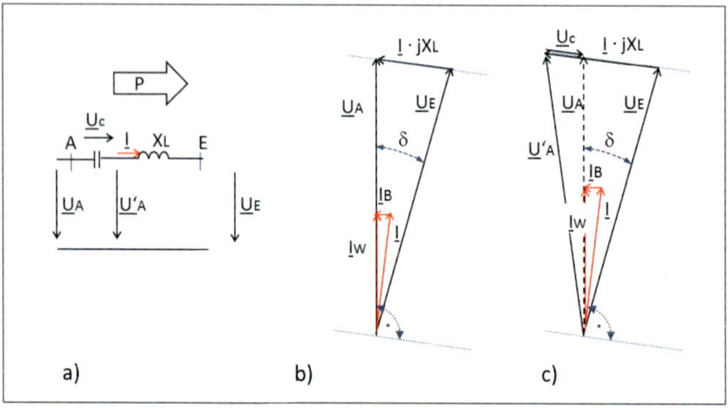

Bild 5.44 Serienkompensationen am Anfang einer Übertragungsleitung
a) Schaltschema
b) Zeigerbild ohne Kompensator
c) Zeigerbild mit Kompensator

Für die Steuerung des Leistungsflusses kann der Serienkompensator an einem beliebigen Ort entlang der Leitungsstrecke eingebaut werden. Die Serienkompensation wird daher zur Kompensation langer Übertragungsleitungen verwendet und bietet dabei den Vorteil, dass der Einfluss der Leitungsreaktanz auf lastabhängige Spannungsänderungen reduziert wird.

5.8.3.4 Phasendrehendes Betriebsmittel (Schrägregler)

Will man die übertragbare Leistung einer Leitung durch Veränderung des Leitungswinkels erhöhen, so kann dies durch Einsatz eines phasendrehenden Betriebsmittels, z. B. eines Schräg- oder Querreglers erfolgen. Zielsetzung ist hier die Verringerung des Winkels zwischen den Spannungen am Anfang und am Ende der Leitung durch Addition einer Zusatzspannung U_Z unter einem Winkel größer Null Grad in Bezug auf die Spannung am Anfang der Leitung U_A wie in Bild 5.45 dargestellt. Durch Verändern des Winkels und/oder des Betrages der Zusatzspannung kann die für den Leitungswinkel maßgebliche Spannung am Anfang der Leitung gedreht und damit der Leitungswinkel verändert werden.

$$\underline{U}_Z = U_Z \cdot e^{j\alpha} \tag{5.20}$$

Den günstigsten Effekt erzielt man, wenn die Zusatzspannung mit dem Winkel von ca. 90° addiert wird, da sich dann der Betrag der Spannung kaum, der Winkel aber erheblich ändert.

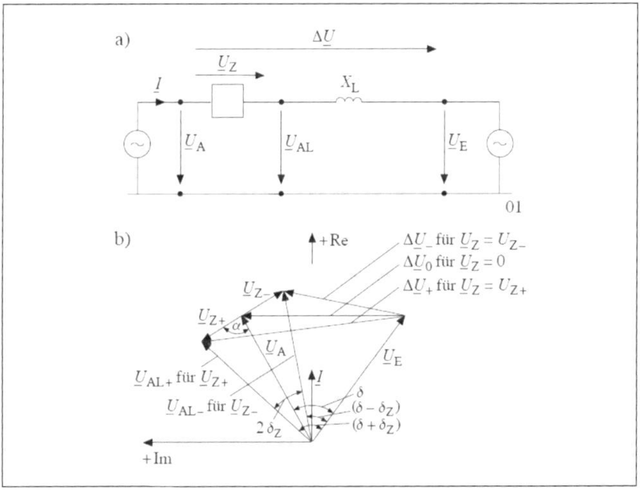

Bild 5.45 Verlustlose Leitung mit Schrägregler
a) Ersatzschaltung
b) Zeigerdiagramm der Spannungen und des Stromes

Die über die Leitung übertragbare Wirkleistung P_S und die Blindleistungen am Anfang und Ende der Leitung berechnen sich nach Gln. (5.21)

$$P_S = \frac{U^2}{X_L} \cdot \sin(\delta - \delta_Z) \tag{5.21a}$$

$$Q_S = \frac{U^2}{X_L} \cdot (1 - \cos(\delta - \delta_Z)) \quad (5.21b)$$

Die Zusammenhänge sind in Bild 5.46 qualitativ dargestellt.

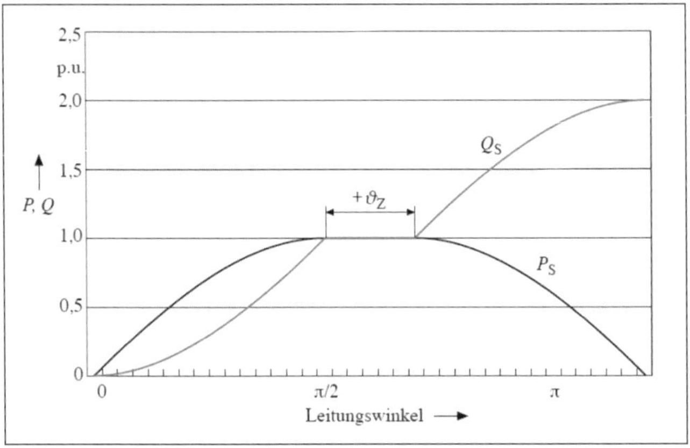

Bild 5.46 Übertragbare Wirkleistung und Blindleistung der Leitung nach Bild 5.45 in Abhängigkeit vom Leitungswinkel

Schaltungstechnisch wird zu der Leiterspannung eine Zusatzspannung addiert, die z.B. mit einem Transformatorstufenschalter eingestellt werden kann. Bild 5.47a zeigt schematisch eine Variante, bei der jeweils der Spannungsanteil der beiden verbleibenden Außenleiter als Zusatzspannung verwendet wird, um die Spannung am Anschlusspunkt der Leitung einzustellen. Da die Zusatzspannung orthogonal (± 90°) zur Speisespannung steht und damit den Winkel beeinflusst, handelt es sich um eine Querregelung (Bild 5.47b). Bei anderen Phasenlagen der Zusatzspannung wird eine reine Längsregelung mit Korrekturspannung (Bild 5.47c) in Richtung der Speisespannung realisiert (0°) oder eine Schrägregelung mit Korrekturspannung (z. B. ±60°) (Bild

5.47d). Mit Phasenschiebertransformatoren lässt sich z. B. die Auslastung paralleler Leitungswege beeinflussen, oder es kann der Lastfluss zwischen Teilnetzen über Koppelleitungen entsprechend vertraglicher Rahmenbedingungen gesteuert werden. Durch Anpassen des Betrages der Zusatzspannung kann der gesamte Leitungswinkel so verändert werden, dass die übertragbare Wirkleistung über einen größeren Winkelbereich konstant bleibt. Damit kann die Betriebsweise der Anlage veränderten Netzverhältnissen angepasst werden.

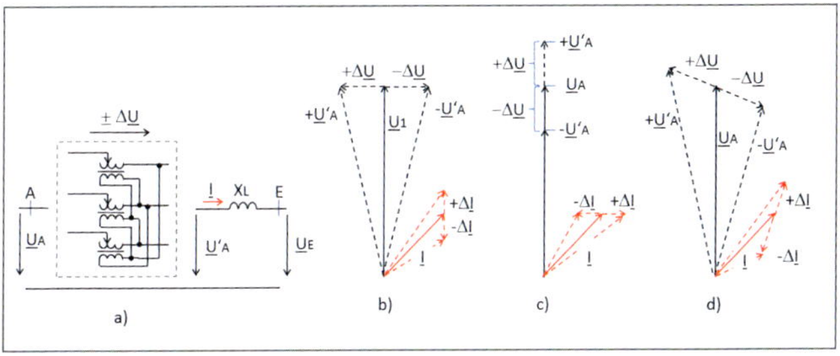

Bild 5.47 Leistungsflusssteuerung mit phasendrehendem Transformator
a) Schaltbild
b) Zeigerdiagramm für Querregelung
c) Zeigerdiagramm für Längsregelung
d) Zeigerdiagramm für Schrägregelung

5.8.4 Winkel- und Spannungsstabilität

Im stationären Zustand laufen alle Synchrongeneratoren als klassische Kraftwerksmaschinen im Verbundsystem synchron, das heißt mit gleicher elektrischer Drehzahl (Frequenz). Zur Stabilitätsbetrachtung wird im Allgemeinen ein Generator betrachtet, der über eine längere Leitung in ein leistungsstarkes Netz speist (Bild 5.48). Anhand dieses sogenannten Ein-Maschinenproblems lässt sich zeigen, dass der Winkel Θ zwischen Polradspannung U_P der Synchronmaschine und der Spannung des Netzes U_N kleiner als 90° sein muss [5.1; 5.13]. An diesem Punkt kippt die Maschine in den asynchronen Betrieb. Tatsächlich muss der Winkel wesentlich kleiner als 90° sein um auch bei Belastungsänderungen, Netzfehlern und den daraus resultierenden Ausgleichvorgängen ein aperiodisches oder gar oszillatorisches Auseinanderdriften der Polradwinkel zu vermeiden. Bereits kleine aperiodische Ausgleichsvorgänge können weiträumige Lastflussschwingungen mit lokalen Spannungsänderungen verursachen. Realistisch ist ein Winkel von $\delta < 42°$. Unter Berücksichtigung der Winkeldrehung von Transformatoren (ca. 5° ... 6°) verbleiben für die Übertragungsleitung höchstens $\delta < 32°$ [5.14].

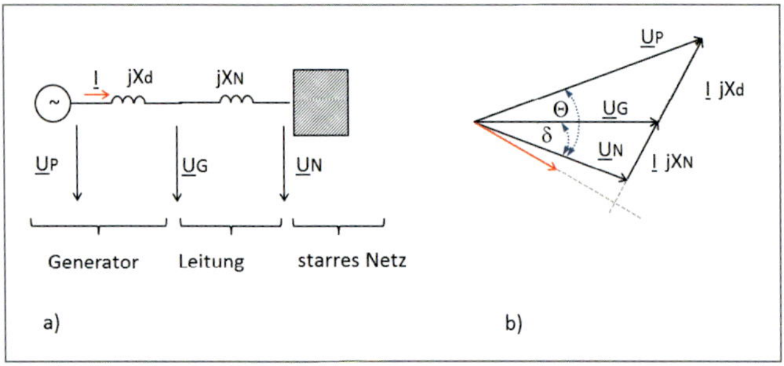

Bild 5.48 Ein-Maschinen-Modell zur Betrachtung der Winkelstabilität
a) Schaltschema
b) Zeigerbild

Aus dem Zeigerdiagramm (Bild 5.48b) ist ersichtlich, dass die Netzbelastung $\underline{I}$ und die Netzreaktanz X_N wesentliche Einflussgrößen für die Winkelstabilität sind. Daraus lassen sich zwei Erkenntnisse ableiten: Zum einen wird die übertragbare Leistung langer Leitungen durch die Winkelstabilität begrenzt, zum anderen wirkt sich die Kompensation von induktiven Leitungsströmen günstig auf die Netzstabilität und damit auf die übertragbare Leistung aus.

Die beschriebenen Leistungspendelungen sind eine nicht synchrone Schwingung der erzeugten Leistung zwischen zwei oder mehreren Erzeugerbereichen mit Frequenzen im Bereich kleiner 1Hz, die sich über ganze Landstriche erstrecken können [5.15]. Leistungspendelungen können außerhalb von Kraftwerken durch eine gezielte Beeinflussung des Lastflusses gedämpft werden. Dazu sind Regelzeiten im Bereich weniger Netzperioden erforderlich, welche nur mit leistungselektronischen Systemen erzielt werden können.

Die Verwendung einer Serienkompensation mit dem Ziel, die Winkelstabilität zu erreichen und die übertragbare Leistung zu vergrößern, kann zu untersynchronen Resonanzerscheinungen führen (sub-synchronous resonance, SSR). Es handelt sich dabei um Wechselwirkungen zwischen Serienkondensator und Generator(en), mit einer deutlich unter der Netzfrequenz liegenden Resonanzstelle. In solchen Fällen begrenzt eine notwendige Verringerung des Kompensationsgrades wiederum die übertragbare Leistung [5.16], oder es sind leistungselektronische Systeme erforderlich mit einer dämpfenden Impedanzcharakteristik im betreffenden Frequenzbereich.

Ein Netzfehler, der einen Spannungseinbruch bewirkt, das kann z. B. ein entfernter Kurzschluss sein der einige Netzperioden anhält bevor eine Schutzeinrichtung den Fehler abschaltet, wird im Bild 5.49 dargestellt. Das linke Zeigerbild zeigt den ungestörten Betrieb, während im mittleren Zeigerbild der Zustand während des Netzfehlers mit Spannungseinbruch eingezeichnet ist. Mit einer Blindstromquelle, hier in der Mitte der Übertragungsleitung dargestellt, wird deutlich, wie mit Blindstromeinspeisung die Spannung gestützt wird. Verteilnetze und Verbraucheranlagen, die im Bereich zwischen Anschlusspunkt A und Kompensator angeschlossen sind, würden durch eine stabile Spannung von der Kompensationsmaßnahme profitieren.

Ein Netzfehler kann auch einen Wegfall von Einspeiseleistung bedeuten, was zu einer höheren Belastung der verbleibenden Leitungswege führt und in Folge die Winkelstabilität verschlechtert. Die kapazitive Blindleistungsspeisung stabilisiert jetzt nicht nur die Spannung sondern verkleinert auch den Übertragungswinkel und verbessert damit die Winkelstabilität.

Neben der Winkelstabilität und der Spannungsstabilität soll hier zur Vervollständigung des Stabilitätsbegriffes noch die Fre-

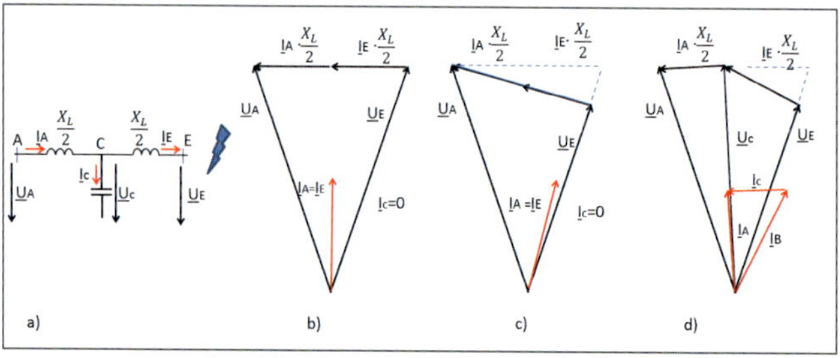

Bild 5.49 Spannungsstabilisierung durch Blindstromeinspeisung bei Netzfehlern
a) Schaltschema
b) Zeigerbild im ungestörten Betriebszustand
c) Zeigerbild während des Netzfehlers ohne Kompensator
d) Zeigerbild während des Netzfehlers mit Kompensator

quenzstabilität aufgeführt werden. Frequenzstabilität wird über eine ausgeglichene Wirkleistungsbilanz sichergestellt. Ein erhöhter Wirkleistungsbedarf kann kurzfristig zunächst nur aus der Bewegungsenergie der rotierenden Schwungmassen im Kraftwerk gedeckt werden und reduziert deren Drehzahl (Frequenz). Mittel- und langfristig ist ein Nachführen der zugeführten Energie aus Kraftwerken erforderlich.

5.8.5 Flexible AC Transmission Systems

FACTS (Flexible AC Transmission Systems) ist der Oberbegriff für Technologien zur Steuerung von Wirk- und Blindleistungsflüssen und zur Spannungshaltung mit Komponenten der Leistungselektronik. Sie ergänzen oder ersetzen konventionell geschaltete Systeme und übertreffen sie im dynamischen Verhalten bei Anwendungen zur Stabilitätserhöhung in Stromübertragungsnetzen. Aufgrund ihrer hohen Flexibiliät und Dynamik werden Sie als eine Schlüsseltechnologie für die Herausforderungen der dezentralen, regenerativen Energieerzeugung wahrgenommen. Bild 5.50 gibt eine Übersicht über FACTS-Anordnungen.

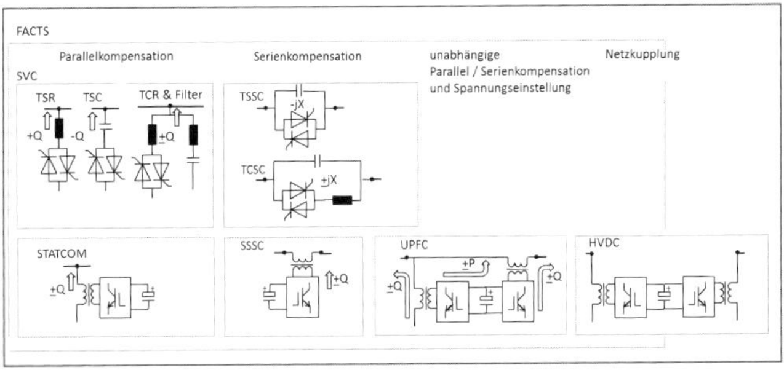

Bild 5.50 Übersicht Flexible AC Transmission Systems

FACTS-Betriebsmittel der ersten Generation (Anfänge in den 1970er Jahren) arbeiten mit Thyristoren als Leistungshalbleiter. Bei der Serienkompensation **TSSC** (Thyristor Switched Serial Capacitor) ist die Kompensationsleistung über einen Thyristorbypass abschaltbar und erlaubt damit eine flexiblere Lastflusssteuerung. TSSC können, mit einem darauf abgestimmten Regler, Leistungspendelungen dämpfen.

Mit einer zusätzlichen Induktivität im Thyristorzweig wird aus der Schaltung ein **TCSC** (Thyristor Controlled Series Capacitor). Bei geöffnetem Thyristorschalter arbeitet das System als feste Leitungskompensation. Mit geschlossenem Thyristorschalter entlastet der Bypass die Kondensatoren vor Kurzschlussströmen bei Netzfehlern. Wesentlich aber ist die induktive Charakteristik der Schaltung bei Frequenzen unterhalb der Netznennfrequenz. Die wirksame induktive Reaktanz kann über einen Phasenanschnitt der Spannung eingestellt werden. Damit ist das frequenzabhängige Übertragungsverhalten regelbar und es lassen sich gezielt subsynchrone Resonanzerscheinungen dämpfen.

Thyristor geschaltete Systeme zur Parallelkompensation werden unter dem Begriff **SVC** (Static Var Compensator) zusammengefasst. Man unterscheidet zwischen geschalteten Kondensatoren **TSC** (Thyristor Switched Capacitor) und geschalteten Induktivitäten (**TSR** - Thyristor Switched Reactor). Bei Thyristor geschalteten Kondensatoren werden zur Begrenzung des Einschaltstromes die Thyristoren bei Spannungsgleichheit zwischen Netzspannung und Kondensatorspannung gezündet. Damit ergibt sich im ungünstigsten Fall eine Verzugszeit von 20 ms entsprechend einer Netzperiode. Damit übertreffen sie mechanisch geschaltete Kondensatoren, die vor dem Zuschalten erst entladen werden müssen, um ein Vielfaches.

Noch schnellere Reaktionszeiten sind mit gesteuerten Induktivitäten realisierbar (**TCR** - Thyristor Controlled Reactor). Die Reaktanz kann mit einer Phasenanschnittsteuerung stufenlos eingestellt werden. Da jetzt mit jeder Halbwelle ein neuer Phasenanschnitt realisiert werden kann, sind Stellzeiten von weniger als 10 ms realisierbar. Die benötigte kapazitive Blindleistung wird über fest zugeschaltete Kondensatorbänke bereitgestellt. Durch den Phasenanschnitt werden Oberschwingungsströme erzeugt, daher wird die Kondensatorbank meistens als Filterkreis ausgeführt. Wird keine Blindleistung benötigt, muss die kapazitive Leistung der Kondensatorbank von der induktiven Leistung der TSR kompensiert werden, das bedingt relativ hohe Verluste des Gesamtsystems.

FACTS-Betriebsmittel der zweiten Generation weisen einen Pulswechselrichter mit Spannungszwischenkreis auf. Von praktischer Bedeutung ist hier der **STATCOM** (Static Synchronous Compensator). Durch abschaltbare Leistungshalbleiter (GTO, IGBT) wird eine DC-Zwischenkreisspannung mit Vielfachen der Netzfrequenz ein- und ausgeschaltet (Wirkungsprinzip der Pulsweitenmodulation siehe Kapitel 5.5). Über den Mittelwert der modulierten Spannung kann bei einem netzparallel angeschlossenen System über eine Koppelinduktivität der Stromaustausch zum Netz gesteuert werden. Ein Stromanteil in Phase oder in Phasenopposition zur Netzspannung steuert den Wirkleistungsfluss zur Regelung der Zwischenkreisspannung. Mit einer um 90° verschobenen orthogonalen Komponente der Spannung wird der Blindleistungsaustausch zum Netz gesteuert. Die Stellgeschwindigkeit wird nur noch durch die Taktfrequenz und das Einschwingverhalten der Ausgangsfilter begrenzt und liegt im Bereich von 1 ms. Mindestens ebenso bedeutsam ist die Eigenschaft, dass der bereitgestellte Blindstrom nicht mehr von der

Netzspannung abhängt. Bei SVC wird der Blindstrom noch durch passive Komponenten, mit einer linearen Abhängigkeit zur Netzspannung bereitgestellt. Bei einem STATCOM steht der Blindstrom zur Netzstützung dagegen auch bei stärkeren Spannungseinbrüchen noch in vollem Umfang zur Verfügung. Bild 5.51 zeigt den typischen Steuerbereich eines STATCOM im Vergleich zu einem SVC [5.17].

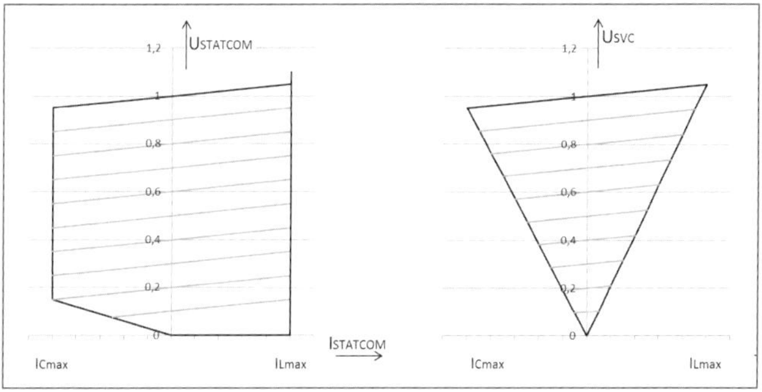

Bild 5.51 Steuerbereich von STATCOM und SVC
a) STATCOM
b) SVC

SVC und STATCOM spielen eine wichtige Rolle für die dynamische Spannungsstützung. Sie werden daher an kritischen Netzpunkten betrieben, um dynamische Spannungsschwankungen durch Laständerungen oder Lastflussschwingungen zu korrigieren. Bei Verlust von Einspeiseleistung verbessern sie durch Blindleistungsspeisung die Winkelstabilität. An wichtigen Verteilknoten können sie Verbraucheranlagen vor unzulässigen Spannungseinbrüchen oder Überspannungen schützen. In Industrieanlagen reduzieren sie die Netzrückwirkungen von stark wechselnden Lasten (z. B. Lichtbogenöfen) in das übergeordnete Netz.

Grundsätzlich ist mit Pulswechselrichtern auch eine Serienkompensation **SSSC** (Static Synchronous Series Compensator) realisierbar. Von praktischer Bedeutung ist aber vor allem die dritte Generation FACTS, eine Kombination aus Serien- und Parallelkompensation. Dieses in den 90er Jahren entwickelte Konzept, **UPFC** (Unified Power Flow Controller) genannt, erlaubt neben der Parallel- und Serienkompensation auch einen Wirkleistungsaustausch zwischen den beiden Wechselrichtern [5.18]. Der weltweit erste UPFC mit jeweils +160 Mvar für den Parallel- und Serienkompensator wurde 1998 in Ost Kentucky auf der 138-kV-Ebene in Betrieb genommen.

Bild 5.52 zeigt das Schaltschema und Zeigerdiagramm. Innerhalb des Kreises kann jeder Betriebspunkt angefahren werden. Der Kreisdurchmesser wird durch die Größe des Serientransformators und die Wechselrichtereigenschaften bestimmt. Zum Vergleich ist die Zusatzspannung Uc einer Serienreaktanz eingetragen. Der zusätzliche Freiheitsgrad des UPFC erlaubt die Steuerung von Leistungsfluss und Spannung der Übertragungsleitung. Das gestrichelt dargestellte Dreieck zeigt die eingespeisten Spannungskomponenten, der zum Strom or-

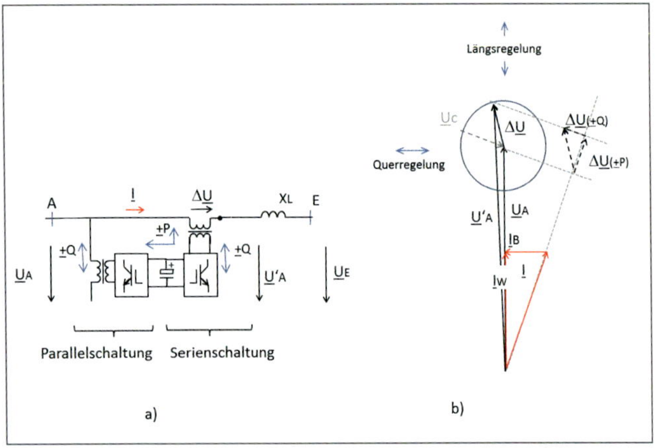

Bild 5.52 UPFC Schaltschema und Zeigerdiagramm
a) Schaltschema
b) Zeigerbild

thogonale Anteil bewirkt einen reinen Blindleistungsaustausch mit dem Wechselrichter der Serienschaltung, der Spannungsanteil in Stromrichtung tauscht Wirkleistung mit dem Wechselrichter der Serienschaltung aus. Diese Wirkleistung muss von dem Wechselrichter der Parallelschaltung gespeist werden. Zusätzlich kann dieser Wechselrichter Blindleistung bereitstellen wie ein normaler STATCOM.

FACTS-Betriebsmittel beinhalten keine Energiequellen oder Energiespeicher, sind aber technologisch eng verwandt mit Systemen die auch Wirkleistung einspeisen können. HGÜ (Hochspannungs-Gleichspannungsübertragung) auch als HVDC (High Voltage Direct Current) bezeichnet, bietet bei der Leistungsübertragung über weite Strecken oder bei langen Seekabeln entscheidende Vorteile. Die Geräte die beidseits der DC-Leitung verwendet werden, sind nicht nur technologisch vergleichbar zu den FACTS-Geräten mit DC-Zwischenkreis, sondern bieten ähnliche Vorteile bezüglich der Netzregelung. HVDC wird zur Anbindung großer Erzeugerleistung verwendet.

Aus der Presse bekannt sind z. B. die Verbindungen vom Windpark Bard Offshore 1 über Norderney nach Diele oder auch die Verbindung BridNed zwischen Kent und Rotterdam. Mit einer direkten Kupplung der beiden Wechselrichter ohne Übertragungsleitung wird aus HVDC eine FACTS-Kupplung. Damit können Netze unterschiedlicher Frequenz, Spannungsqualität und mit abweichender Sternpunktbehandlung gekoppelt werden [9]. Vorteile bieten sich auch durch die vollständige Trennung bei der Beherrschung von Netzfehlern und Beherrschung von Blackouts. Solche Systeme werden daher zutreffend auch als Firewall in der elektr. Energieversorgung bezeichnet [5.19].

5.8.6 DGFACTS – Spannungsregelung und Blindleistungsbereitstellung im Verteilnetz

Bei der klassischen Struktur mit einem Lastfluss von zentralen Großkraftwerken zu den Energieabnehmern erfolgt die Regelung in den Kraftwerken und im Übertragungsnetz. Mit dem forcierten Ausbau dezentraler regenerativer Energiequellen, hauptsächlich Wind-, Biomasse-, Wasser- und Solarkraftwerke sind auch gegenläufige Lastflüsse vom Verteilnetz in das Übertragungsnetz möglich. Daraus erwächst die Notwendigkeit des Ausbaus der Übertragungs- und Verteilnetze und einer optimierten Nutzung bestehender Trassen [5.20]. In Verteilnetzen mit einem stark fluktuierenden Anteil an eingespeister Energie ist eine wesentlich höhere Dynamik der Spannung vorhanden als in einem Verteilnetz mit weitgehend deterministischen Tageslastprofilen von Verbrauchseinrichtungen. Insbesondere an schwachen Netzknotenpunkten kann das Spannungsband nicht mehr eingehalten werden. Damit werden FACTS-Funktionen zur Lastflussregelung und Spannungshaltung zunehmend auch für die Anwendung in Verteilnetzen erforderlich. In Abgrenzung zu FACTS-Betriebsmittel der Übertragungsebene wird gelegentlich auch der Begriff **DGFACTS** (Distributed Generation FACTS) verwendet.

Ein typischer Vertreter für einen Serienkompensator ist z. B. der **AVC** (Active Voltage Conditioner). Die Schaltung entspricht dem UPFC aus Bild 5.52, in seiner Funktion handelt es sich dabei aber um einen **DVR** (Dynamic Voltage Restorer). Entwickelt und eingesetzt wurde das Gerät zunächst, um industrielle Verbraucher vor Spannungseinbrüchen und Überspannungen zu schützen. Bei einem Spannungseinbruch auf der Eingangsseite reagiert der AVC mit einer erhöhten Stromaufnahme, die Ausgangsspannung wird dabei in weiten Grenzen nach Betrag und Phase konstant gehalten. Zur Netzregelung wird das System mit reiner Längsregelung verwendet, um unabhängig von dezentraler Leistungsentnahme oder Leistungseinspeisung die Spannung am Ausgang konstant zu halten, während das restliche Verteilnetz auf einem höheren Spannungsniveau arbeitet. Bild 5.53 zeigt eine Anwendung für den Spannungsregler, das in einem ursprünglich für 2,9 MW ausgelegten Verteilnetz betrieben wird. Heute wird das Netz durch regenerative Energieerzeugung mit Spitzenleistung von 13 MW betrieben, die eine dynamische Spannungsregelung erforderlich gemacht hat [5.21].

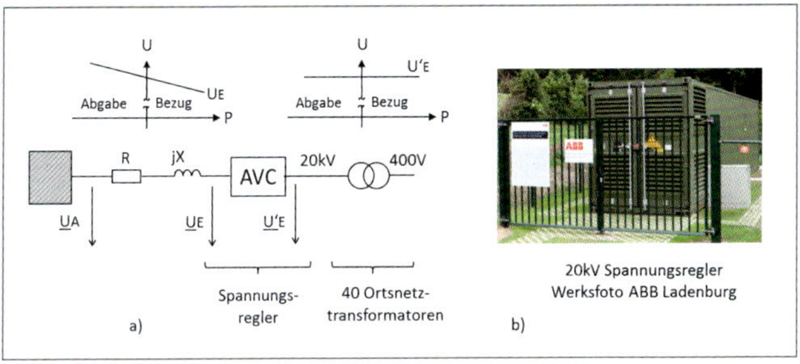

Bild 5.53 AVC (Active Voltage Conditioner) in Bitburg-Prüm
a) Netzübersicht und Wirkungsprinzip
b) Ansicht des Spannungsreglers

Regenerative Erzeugungsanlagen leisten heute bei der Erzeugung elektrischer Energie einen derart beträchtlichen Anteil, dass eine Netzregelung nicht mehr alleine durch Großkraftwerke erbracht werden kann. Wesentliche Punkte sind statische Blindleistungsbereitstellung, Blindleistungseinspeisung bei Spannungseinbrüchen und Aufrechterhaltung der Wirkleistungseinspeisung bei Spannungseinbrüchen (**FRT** – Fault Right Through). Regenerative Erzeugungseinheiten, die die komplette Leistung über Wechselrichter in das Netz einspeisen, z.B. Solarwechselrichter oder einige Windkraftanlagen, können diese Anforderungen prinzipiell erfüllen.

Andere Systeme (z.B. Asynchrongeneratoren oder doppelt gespeiste Asynchronmaschinen) benötigen ergänzende Blindleistungsquellen die häufig als TSC (Bild 5.54) oder STATCOM ausgeführt werden. Der Anschluss solcher Systeme auf 690-V-Maschinenebene ermöglicht neben der geforderten Blindleistungsbereitstellung auch die Spannungsstützung am Anschlusspunkt des Generators und macht häufig erst das Durchfahren von Netzfehlern möglich.

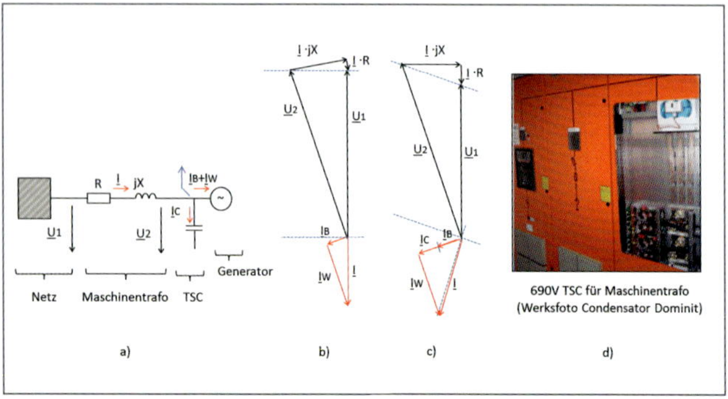

Bild 5.54 Dynamische Netzstützung mit TSC für einen Windpark
a) Netzübersicht
b) Zeigerbilder Normalbetrieb
c) Blindstromeinspeisung bei Netzfehler (U1)
c) Ansicht der mit Thyristor geschalteten Kompensation

5.9 Literatur

[5.1] Schlabbach: Elektroenergieversorgung, 3. Auflage, VDE-Verlag, 2009

[5.2] D-A-CH-CZ Technische Regeln zur Beurteilung von Netzrückwirkungen, BDEW (Hrsg.)

[5.3] Patentanmeldung DE 102004054451 Regelungssystem für eine Kondensator-Filterkreisanlage, ABB Kondensatoren H. D. Danek / M. Große-Gehling

[5.4] Kloss: Stromrichter-Netzrückwirkungen in Theorie und Praxis, AT Verlag Stuttgart

[5.5] Power Quality Active Filtering Guide, ABB Jume S.A.

[5.6] Obering: EMV in der Gebäudeinstallation, Technik Verlag

[5.7] Danek: N-Leiterfilter THX, Neutralleiterbelastung durch Oberschwingungen, Technische Information ABB Kondensatoren

[5.8] Brunner: Blade Server setzen USV's unter Druck, Spektrum Gebäudetechnik 5/2006

[5.9] Schwab: Elektroenergiesysteme, 3. Auflage, Springer Verlag, 2012
[5.10] Heuck; Dettmann; Schulz: Elektrische Energieversorgung, Erzeugung, Übertragung und Verteilung elektrischer Energie, Vieweg 2007
[5.11] Philippow: Taschenbuch Elektrotechnik Band 5: Elemente und Baugruppen der Elektroenergietechnik, VEB Verlag Technik Berlin 1986
[5.12] ABB: Schaltanlagenhandbuch, 12. Auflage 2011, Cornelson
[5.13] Schlabbach; Metz: Netzsystemtechnik, VDE-Verlag, 2005
[5.14] Bornitz: Leistungskondensatoren und Blindleistungsmaschinen, R. Oldenbourg München 1965
[5.15] Crastan: Elektrische Energieversorgung 2, Springer Verlag 2009
[5.16] DIN EN60143-1: Reihenkondensatoren für Starkstromanlagen, Dezember 2004
[5.17] Glanzmann: Flexible Alternating Current Transmission Systems, ETH Zürich 2005
[5.18] Gyugi: the unified power flow controller: A new approach to power transmission on power delivery Vol.10, No.2 April 1995
[5.19] Arnold: HGÜ und FACTS für stabile Netze, Energie& Technik 2010
[5.20] Deutsche Energie Agentur: DENA-Netzstudie-II, 2010
[5.21] Küffner: Gegenverkehr im Stromnetz, FAZ 21.09.2012
[5.22] Schlabbach; Fischer: Netzanschluss von EEG-Anlage, 2. Auflage, Verlag EW Medien und Kongresse, 2016

6 Begriffe und Berechnungsgleichungen zur Blindleistungskompensation

Ansprechschwellwert $$c/k = \frac{2}{3} \cdot \frac{Q_{Stufe}}{\sqrt{3} \cdot U_n \cdot ü}$$	Q_{Stufe} Blindleistung einer Stufe der Kompensationsanlage $ü$ Übersetzungsverhältnis des Stromwandlers 2/3 Schaltverhältnis [siehe Erläuterungen zu Gl. (3.3)]
Bemessungswert	Ein für eine vorgegebene Betriebsbedingung geltender Wert einer Größe, der im Allgemeinen vom Hersteller für ein Element, eine Gruppe oder eine Einrichtung festgelegt wird (DIN 40200:1981) Anmerkung: Die für einen Transformator festgelegte Bemessungsscheinleistung darf unter den angegebenen Betriebsbedingungen (Vorbelastung, Außentemperatur etc.) nicht überschritten werden. Bemessungswerte werden mit dem Index r (rated) gekennzeichnet.
Bemessungskapazität C_r	Kapazität, für die der Kondensator bemessen ist (DIN EN 60831:2003)
Bemessungsleistung eines Kondensators Q_r	Blindleistung, die sich aus den Nennwerten von Kapazität, Frequenz und Spannung errechnet (DIN EN 60831:2003) Anmerkung: Offensichtlich steht dies im Widerspruch zu DIN 40200:1981. Der Begriff des Nennwertes einer Kapazität ist nicht erläutert.
Blindleistung $$Q_1 = S \cdot \cos\varphi_1$$	Produkt aus Scheinleistung und dem Cosinus des Grundschwingungs-Verschiebungsfaktors, eigentlich Grundschwingungs-Verschiebungs-Blindleistung genannt (DIN 40110-1:1994) Geometrische Differenz zwischen Wirk- und Scheinleistung Anmerkung: Es ist zu beachten, dass sich die so definierte Blindleistung aus den Grundschwingungskomponenten der Spannung und der Stromstärke ergibt.

Crest-Faktor $Crest = \frac{\hat{I}}{I_{RMS}}$	Verhältnis von Scheitelwert zu Effektivwert eines Wechselstromes
Dreieckschaltung von Kondensatoren	Strom in der Anschlussleitung $I = \frac{Q_C}{\sqrt{3} \cdot U_n}$ Spannung am Kondensator $U_C = U_n$ Strom im Kondensator $I_{C,Str} = I / \sqrt{3}$ Kap. Blindwiderstand $X_C = \frac{U_n^2}{Q_C}$ Gesamtkapazität $C = \frac{1}{\omega \cdot X_C}$ Einzel-(Strang-)Kapazität $C_{Str} = C / 3$ Gesamtblindleistung $Q_C = U_n^2 \cdot \omega \cdot C$
Flickerreduktionsfaktor $k_P = \frac{P_{st}}{P_{st,komp}}$	Verhältnis der Kurzzeitflickerstärke P_{st} ohne Flickerkompensation zur Kurzzeitflickerstärke $P_{st,komp}$ mit Kompensation

Gesamtblindleistung $Q_{tot} = \sqrt{Q_1^2 + D^2}$	Arithmetische Summe aus Grundschwingungs-Verschiebungs-Blindleistung und Verzerrungs-Blindleistung (DIN 40110-1:1994)
Grundschwingungs-Verschiebungsfaktor $\cos\varphi_1 = \cos(\varphi_u - \varphi_i)$ auch mit $\cos\varphi$ bezeichnet	Cosinus des Phasenverschiebungswinkels der Spannung gegenüber der Stromstärke als Differenz der Nullphasenwinkel der Spannung bzw. der Stromstärke (DIN 40110-1:1994) Cosinus des Phasenwinkels φ zwischen den Sinus-Schwingungen der Spannung und des Stromes derselben Frequenz, bei Größen der Grundschwingung (50 Hz) auch Grundschwingungs-Leistungsfaktor oder Verschiebungsfaktor genannt Anmerkung: Im allgemeinen Sprachgebrauch auch Verschiebungsfaktor genannt. $\cos\varphi_1 = \frac{P}{\sqrt{P^2 + Q_1^2}}$
Impedanzfaktor $\alpha = \frac{Z_{TF}}{Z_{50\,Hz}}$	Verhältnis der Beträge der Impedanz bei Tonfrequenz zur Impedanz bei Nennfrequenz (50 Hz)
Leistungsfaktor $\lambda = \frac{\lvert P \rvert}{S}$	Verhältnis des Betrages der Wirkleistung zur Scheinleistung (DIN 40110-1:1994) Anmerkung: Die Verzerrungsblindleistung der Oberschwingungen wird berücksichtigt. $\lambda = \frac{\lvert P \rvert}{\sqrt{(P^2 + Q_1^2 + Q_d^2)}}$

Nennwert	Ein geeigneter gerundeter Wert einer Größe zur Bezeichnung oder Identifizierung eines Elementes, einer Gruppe oder einer Einrichtung (DIN 40200:1981) Anmerkung: Der Nennwert 110 kV bezeichnet eine Spannungsebene zur elektrischen Energieversorgung. Nennwerte werden mit dem Index n (nominal) gekennzeichnet.
Oberschwingungsgehalt $d = \frac{I_d}{I} = \frac{\sqrt{I^2 - I_1^2}}{I}$	Verhältnis der Verzerrungsgröße (Effektivwert aller Oberschwingungen) zum Effektivwert der Wechselgröße (Gesamteffektivwert) (DIN 40110-1:1994) Anmerkung: Den Oberschwingungsgehalt bezeichnet man auch als Klirrfaktor oder Verzerrungsgehalt.
Resonanzfrequenz $f_{res} = f_1 \cdot \sqrt{\frac{S_k}{Q_C}}$	S_k Kurzschlussleistung am Anschlusspunkt Q_C Kondensatorleistung Anmerkung: Im Fall der Parallelresonanz strebt die Impedanz bei Resonanzfrequenz sehr hohe Werte an, im Fall der Reihenresonanz wird diese sehr klein.
Scheinleistung $S = U \cdot I$	Produkt der Effektivwerte von Spannung und Stromstärke (DIN 40110-1:1994) Produkt aus Effektivspannung und Effektivstrom im Fall stationärer Wechselgrößen
Spannungserhöhung $U_C = \frac{U_n}{1 - p}$	Anmerkung: Durch die Spannungserhöhung bei Verdrosselung muss eine höhere Bemessungsspannung des Kondensators gewählt werden.
Spannungserhöhung bei Überkompensation $\Delta u = u_k \cdot \frac{Q_C}{S_{rT}}$	u_k Kurzschlussspannung des Transformators S_{rT} Bemessungsscheinleistung des Transformators Q_C Kondensatorleistung

Sternschaltung von Kondensatore	Strom in der Anschlussleitung $I = \frac{Q_C}{\sqrt{3} \cdot U_n}$ Spannung am Kondensator $U_C = U_n / \sqrt{3}$ Strom im Kondensator $I_{C,Str} = I$ Kap. Blindwiderstand $X_C = \frac{Q_C}{I}$ Gesamtkapazität $C = \frac{1}{\omega \cdot X_C}$ Gesamtblindleistung $Q_C = U_n^2 \cdot \omega \cdot C$
Total Harmonic Distortion $THD = \frac{\sqrt{I^2 - I_1^2}}{I_1}$ $THD = \sqrt{\sum_\nu \left(\frac{I_\nu}{I_1}\right)^2}$	Verhältnis der Verzerrungsgröße (Effektivwert aller Oberschwingungen) zum Grundschwingungs-Effektivwert Anmerkung: Der *THD* wird auch Gesamtverzerrungsfaktor genannt. Manchmal bezeichnet man den *THD* des Stromes auch als *THDI* zur Unterscheidung vom *THDU* der Spannung.
Verdrosselungsfaktor $p = \frac{X_L}{X_C}$	Prozentuales Verhältnis der Reaktanz der Induktivität zur Reaktanz des Kondensators bei Reihenschaltung

Verdrosselungsfrequenz $f = \frac{f_1}{\sqrt{p}}$	Reihenresonanzfrequenz des verdrosselten Kondensators
Verfügbare Kompensationsleistung $Q_{\text{ver}} = Q_{\text{r,C}} \cdot (1-p) \cdot \left(\frac{U_n}{U_{r,C}}\right)^2$	Anmerkung: Durch die Verdrosselung wird die bei 50 Hz verfügbare Kompensationsleistung verringert, zusätzlich ist noch die Abweichung der Blindleistung des Kondensators von der Bemessungsleistung durch die höhere Bemessungsspannung zu beachten.
Verzerrungs-Blindleistung $Q_d = U \cdot I_d$	Produkt aus den Effektivwerten der Spannung und dem Gesamteffektivwert aller Oberschwingungen oder auch Produkt aus Scheinleistung und Oberschwingungsgehalt (DIN 40110-1:1994) Anmerkung: In manchen Normen wird die Verzerrungsblindleistung mit D bezeichnet. $Q_d = U \cdot \sqrt{\sum_{\nu=2}^{40} I_\nu^2}$
Wirkleistung $P = \frac{1}{T}\int_0^T u(t) \cdot i(i)\,dt$ $P = S \cdot \cos\varphi_1$	Arithmetischer Mittelwert der Augenblicksleistung gemittelt über eine Periodendauer (DIN 40110-1:1994) Während eines Zeitraums übertragene elektrische Energiemenge dividiert durch diesen Zeitraum

Quellen und Literaturhinweise

Neben den, in den einzelnen Kapiteln aufgeführten Literaturangaben wurden folgende Normen, Gesetze, Verordnungen und Technische Richtlinien erwähnt und verwendet:

Normen

- DIN 40110:2002-09 – Wechselstromgrößen
- DIN EN 50160:2011-02 – Merkmale der Spannung in öffentlichen Elektrizitätsversorgungsnetzen
- DIN EN 61000-4-15 (VDE 0847-4-15:2011-10) – Elektromagnetische Verträglichkeit (EMV) – Teil 4-15: Prüf- und Messverfahren; Flickermeter; Funktionsbeschreibung und Auslegungsspezifikation
- DIN EN 61000-3-3 (VDE 0838-3:2015-03) – Elektromagnetische Verträglichkeit (EMV)
  Teil 3-3: Grenzwerte – Begrenzung von Spannungsänderungen, Spannungsschwankungen und Flicker in öffentlichen Niederspannungs-Versorgungsnetzen für Geräte mit einem Bemessungsstrom =< 16 A je Leiter, die keiner Sonderanschlussbedingung unterliegen
- DIN EN 61000-2-2 (VDE 0839-2-2:2003-02) – Elektromagnetische Verträglichkeit (EMV)
  Umgebungsbedingungen – Verträglichkeitspegel für niederfrequente leitungsgeführte Störgrößen und Signalübertragung in öffentlichen Niederspannungsnetzen
- DIN EN 61000-2-4 (VDE 0839-2-4:2003-05) – Elektromagnetische Verträglichkeit (EMV)
  Umgebungsbedingungen – Verträglichkeitspegel für niederfrequente leitungsgeführte Störgrößen in Industrieanlagen
- DIN IEC 60038 (VDE 0175:2012-04) – IEC-Normspannungen
- DIN EN 60439-1 (VDE 0660-500:2005-01) – Niederspannungs-Schaltgerätekombinationen
  Teil 1: Typgeprüfte und partiell typgeprüfte Kombinationen
- VDE 0100-...: Diverse Teile wie angesprochen

- DIN EN 60831-1 (VDE 0560-46:2014-11) – Selbstheilende Leistungs-Parallelkondensatoren für Wechselstromanlagen mit einer Nennspannung bis 1 kV. Teil 1: Allgemeines – Leistungsanforderungen, Prüfung und Bemessung – Sicherheitsanforderungen – Anleitung für Errichtung und Betrieb
- DIN EN 60871-1 (VDE 0560-410:2006-06) – Parallelkondensatoren für Wechselspannungs-Starkstromanlagen mit einer Nennspannung über 1 kV. Teil 1: Allgemeines
- DIN EN 60 252 (VDE 0560-82:2011-10) – Wechselspannungsmotorkondensatoren. Teil 2: Motoranlaufkondensatoren
- DIN EN 61642 (VDE 0560-430:1998-11) – Von Oberschwingungen beeinflusste industrielle Wechselstromnetze – Anwendung von Filtern und Parallelkondensatoren

Verzeichnis der im Buch erwähnten Gesetze, Verordnungen und Technischen Richtlinien

- Verordnung über die Entgelte für den Zugang zu Elektrizitätsversorgungsnetzen (Stromnetzentgeltverordnung – StromNEV) – 25.07.2005
- Verordnung über den Zugang zu Elektrizitätsversorgungsnetzen (Stromnetzugangsverordnung – StromNZV) – 25.07.2005
- Verordnung über die Anreizregulierung der Energieversorgungsnetze (Anreizregulierungsverordnung – AregV) – 29.10.2007
- Verordnung über Allgemeine Bedingungen für den Netzanschluss und dessen Nutzung für die Elektrizitätsversorgung in Niederspannung (Netzanschlussverordnung – NAV) – 01.11.2006
- Technische Anschlussbedingungen für den Anschluss an das Niederspannungsnetz – Juli 2007
  (Bundesmusterwortlaut und deren nachfolgende Textüberarbeitungen)

- Technische Richtlinie Bau und Betrieb von Übergabestationen zur Versorgung von Kunden aus dem Mittelspannungsnetz – März 2008
  (Bundesmusterwortlaut und deren nachfolgende Textüberarbeitungen)
- Elektrische Leistung – korrekte Begriffe. VDEW-Materialien M-10/99 – April 1999
- VDE-AR-N 4105, Eigenerzeugungsanlagen am Niederspannungsnetz – August 2011
- Erzeugungsanlagen am Mittelspannungsnetz, Richtlinie für Anschluss und Parallelbetrieb von Erzeugungsanlagen am Mittelspannungsnetz – Juni 2008
- VDE-AR-N 4120, Technische Bedingungen für den Anschluss von Kundenanlagen an das Hochspannungsnetz (TAB Hochspannung) – Januar 2015
- Transmission Code 2007, Netz- und Systemregeln der deutschen Übertragungsnetzbetreiber (Transmission Code – TC) August 2003
- Distribution Code 2007, Regeln für den Zugang zu Verteilungsnetzen – August 2007
- D-A-CH-CZ – Technische Regeln zur Beurteilung von Netzrückwirkungen (VDN Technische Regeln) – Juni 2007
- Elektrische Leistung – korrekte Begriffe. VDEW-Materialien M-10/99 – April 1999

Stichwortverzeichnis

S

T

U

V

W

Z

rolf rüdiger cichowski

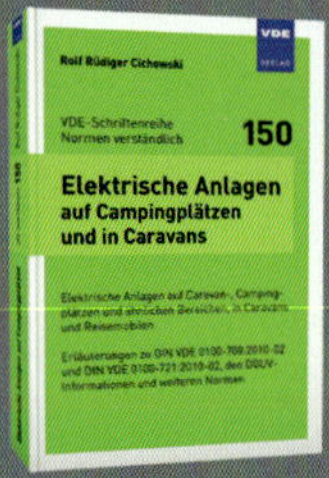

Elektrische Anlagen auf Campingplätzen und in Caravans

Elektrische Anlagen auf Caravan-, Campingplätzen und in ähnlichen Bereichen, in Caravans und Reisemobilen

Erläterungen zu DIN VDE 0100-708-2010-02 und DIN VDE 0100-721-2010-02, den DGUV-Informationen und weiteren Normen.

VDE-Schriftenreihe – Normen verständlich Band 150
Rolf Rüdiger Cichowski
2016, 222 Seiten, DIN A5, kartoniert
ISBN 978-3-8007-4151-9
ISBN 978-3 8007-4152-6 (ebook)

Der rote Faden durch die Gruppe 700 der DIN VDE 0100

Errichten elektrischer Anlagen in Betriebsstätten, Räumen und Anlagen besonderer Art

VDE-Schriftenreihe – Normen verständlich Band 168
Rolf Rüdiger Cichowski
2016, 322 Seiten, DIN A5, kartoniert
ISBN 978-3-8007-4287-5
ISBN 978-3-8007-4288-2 (ebook)

Weitere Informationen erhalten Sie unter
www.vde.de oder www.cichowski.de